21世纪高等学校计算机规划教材

21st Century University Planned Textbooks of Computer Science

Access 2010数据库应用教程

Application Tutorrial on Access 2010

费岚 主编

王峰 黄仙姣 副主编

U0240226

高校系列

人民邮电出版社

北 京

图书在版编目（CIP）数据

Access 2010数据库应用教程 / 费岚主编. -- 北京：
人民邮电出版社，2015.2（2020.1重印）
21世纪高等学校计算机规划教材. 高校系列
ISBN 978-7-115-38007-4

Ⅰ. ①A… Ⅱ. ①费… Ⅲ. ①关系数据库系统－高等
学校－教材 Ⅳ. ①TP311.138

中国版本图书馆CIP数据核字(2015)第021683号

内 容 提 要

本书以 Microsoft Access 2010 中文版为平台，系统地介绍了数据库的基本概念以及 Access 的主要功能和使用方法。全书共分为 10 章，包括数据库基础、Access 库表操作、查询的创建与使用、窗体的设计与应用、报表设计与打印、宏设计、VBA 模块、数据库管理与应用等知识。

本书以一个完整的学生管理系统设计开发为实例，贯穿整本教材，深入浅出地向读者全面介绍了 Access 的使用方法，使读者了解数据库应用系统的开发过程。本书体系完整，内容由浅入深、通俗易懂、实用性强，各章均配有丰富的例题和习题，以便读者学习。

本书既可作为高等院校 Access 数据库课程的教材，也可作为全国计算机等级考试参考书。

◆ 主　　编　费　岚
　　副主编　王　峰　黄仙姣
　　责任编辑　张孟玮
　　执行编辑　李　召
　　责任印制　沈　蓉　彭志环

◆ 人民邮电出版社出版发行　　北京市丰台区成寿寺路 11 号
　　邮编　100164　电子邮件　315@ptpress.com.cn
　　网址　http://www.ptpress.com.cn
　　山东华立印务有限公司印刷

◆ 开本：787×1092　1/16
　　印张：16.25　　　　　2015 年 2 月第 1 版
　　字数：428 千字　　　2020 年 1 月山东第 8 次印刷

定价：39.80 元
读者服务热线：(010)81055256　印装质量热线：(010)81055316
反盗版热线：(010)81055315

前　言

随着计算机技术与网络通信技术的发展，数据库技术已成为信息社会中对大量数据进行组织与管理的重要技术手段，是网络信息化管理系统的基础。越来越多的行业和单位已经采用以数据库技术为核心的信息管理系统，对日常工作进行管理。

本书介绍了数据库原理的基本概念，并以 Microsoft Access 2010 关系型数据库为背景，详细讲解了数据库应用系统的设计、基本操作和程序设计。

本书由常年从事数据库教学的一线教师执笔，并结合多年教学工作经验编写而成。本书针对非计算机专业学生的特点，把培养实际应用能力放在首位，精心选取实例，内容安排循序渐进，操作步骤翔实，立足于将理论知识与实践教学有机结合。

本书选用学生管理系统作为教学案例，贯穿整个教材。既激发学生学习兴趣，又能使学生在理解的基础上较容易地掌握相关内容。每章配有大量的例题，讲解细致，图文并茂，并有大量的操作实验习题，便于读者边学边练。

全书共 10 章。第 1 章介绍数据库基础理论方面的知识。第 2 章至第 7 章介绍如何创建数据库、表、查询、窗体、报表、宏对象。开发者通过创建表、查询、窗体、报表、宏等对象，可以将数据整合在一起，快速建立和管理简单的数据库应用系统。第 8 章介绍 VBA 编程技术。VBA 在开发中的应用大大加强了对数据管理应用功能的扩展，使开发出来的系统更具灵活性，更容易发挥开发者的想象力和创造力。第 9 章介绍了数据库的管理。创建数据库应用系统后，为保证数据库系统安全可靠地运行，需要采取一定的安全和保护措施。第 10 章以"学生管理系统"项目开发为例，介绍开发设计数据库应用系统的一般流程。

本书由费岚主编，王峰、黄仙姣任副主编。本书第 1、8、10 章由费岚、刘明利编写；第 2、3 章由黄仙姣、刘钟涛编写；第 4、6 章由张桂香编写；第 5、7 章由王峰、申康编写；第 9 章由李怀强编写。全书由费岚统稿和审定。

由于作者水平有限，书中难免存在错误和不妥之处，恳请读者批评指正！在此表示衷心感谢。

编　者

2014 年 11 月

目 录

第 1 章　数据库基础知识

【本章导读】

　　数据处理是目前计算机应用的主要方面，数据处理的核心是数据管理，而数据库技术是数据管理的最先进技术。在信息技术日益普及的今天，数据库技术已经深入到人类社会的各个方面，并且随着计算机技术和互联网的迅猛发展，数据库技术的应用领域也在不断扩大。本章主要介绍数据管理技术的基础知识和关系数据库的基本概念等内容。

1.1　数据库系统概述

1.1.1　数据和数据管理

1. 信息和数据

　　信息是指现实世界中事物的存在方式或运动状态的反映，数据则是描述现实世界事物的符号记录形式，是利用物理符号记录下来的可以识别的信息，这里的物理符号包括数字、文字、图形、图像、声音和其他的特殊符号。

　　数据的概念包括两个方面：一是描述事物特性的数据内容；二是存储在某一种媒体上的数据形式。

　　数据处理是指将数据转换成信息的过程，从数据处理的角度来看，信息是一种被加工成特定形式的数据，这种数据形式是数据接收者希望得到的。

　　数据和信息之间的关系非常密切，数据是信息的表示符号或载体，信息则是数据的内涵，是对数据的语义解释。在某些不需要严格区分的场合，可以将两者不加区别地使用，例如，将信息处理说成是数据处理。

2. 数据管理

　　数据处理包括对各种形式的数据进行收集、存储、加工和传输等的一系列活动。其目的之一是从大量原始数据中抽取、推导出对人们有价值的信息，利用这些信息作为行动和决策的依据；另一目的是借助计算机科学地保存和管理复杂的、大量的数据，以使人们能够方便而充分地利用这些宝贵的信息资源。

1.1.2　数据管理技术的发展

　　数据处理技术随着计算机硬件和软件的发展而不断发展，在应用需求的推动下，数据库管理技术经历了人工管理、文件系统和数据库系统 3 个发展阶段，如表 1-1 所示。

表 1-1　　　　　　　　　　　数据管理技术发展的 3 个阶段

发展阶段	主要特征
人工管理 （1950—1965 年）	（1）应用程序管理数据 （2）数据不共享，一组数据只能对应一个程序，数据冗余度大 （3）数据不具有独立性，数据与程序彼此依赖
文件系统 （1965—1970 年）	（1）数据由文件系统管理，应用程序通过文件系统访问数据文件中的数据 （2）数据文件之间没有联系，数据共享性差，冗余度大 （3）数据独立性差，数据仍高度依赖于程序，是为特定的应用服务的
数据库系统 （1970 年至今）	（1）数据由数据库管理系统统一管理和控制 （2）数据是面向全组织的，共享性高，冗余度小 （3）数据具有较强的逻辑独立性和物理独立性

1.1.3　数据库系统

数据库系统（Data Base System，DBS）是指带有数据库并利用数据库技术进行数据管理的计算机系统，它可以实现有组织地、动态地存储大量相关数据，提供数据处理和信息资源共享服务。

数据库系统由以下 5 部分组成。

（1）数据库（Data Base，DB）：存放数据的仓库。只不过这个仓库是在计算机存储设备上，而且数据是按一定的格式存放的。也就是说数据库是数据的集合，并按照特定的组织方式将数据保存在存储介质上，同时可以被各种用户所共享。数据库中的数据具有较小的冗余度、较高的数据独立性和扩展性。

数据库中不仅包括描述事物的数据本身，而且也包括事物之间的联系。

（2）数据库管理系统（Data Base Management System，DBMS）：数据库系统的核心，是一种系统软件，负责数据库中的数据组织、操纵、维护、控制、保护和数据服务等。数据库管理系统是位于用户与操作系统之间的数据管理软件。

数据库管理系统的主要功能有：

- 数据模式定义与数据的物理存取构建。
- 数据操纵，包括数据更新（增加、删除、修改）和数据查询。
- 数据控制，包括完整性和安全性定义、数据的并发控制与故障恢复。
- 数据服务，包括数据保存、重组、分析等。

（3）硬件：支持系统运行的计算机硬件设备。

（4）软件：包括操作系统、应用开发工具和数据库应用系统。

（5）相关人员：数据库系统中的相关人员，包括数据库管理员、系统分析员、数据库设计人员、应用程序开发人员和最终用户。

1.1.4　实体及联系

现实世界存在各种不同的事物，各种事物之间既存在联系又有差异，事物数据化过程就是要对事物的特征以及事物之间的联系进行抽象化和数据化。计算机内处理的各种数据，实际上是客观存在的不同事物及事物之间联系在计算机中的表示。

1. 基本概念

（1）实体

实体是客观事物的真实反映，既可以是实际存在的对象，如一位教师、一支钢笔、一台机器等；也可以是某种抽象概念或事件，如一门课程、一个专业、一次借阅图书、一个运行过程等。

（2）实体属性

将事物的特性称为实体属性。每个实体都具有多个属性，即多个属性才能描述一个实体。

（3）实体属性值

实体属性值是实体属性的具体化表示，属性值的集合表示一个实体。

（4）实体类型

用实体名及实体所有属性的集合表示一种实体类型，简称实体型，通常一个实体型表示一类实体。因此，通过实体型可以区分不同类型的事物。

例如，分别用教师（教师编号，教师姓名，性别，出生日期，职称，联系电话，是否在职）、课程（课程编号，课程名称，开课学期，理论学时，实验学时，学分）的形式来描述教师类实体和课程类实体。

（5）实体集

具有相同属性的实体集合称为实体集。实体型抽象地刻画实体集。

在关系数据库（如 Oracle、Sybase、Visual FoxPro 和 Access 等）中，通常将同一种实体型的数据存放在一个表中，实体属性集合作为表结构，而一个实体属性值的集合作为表中一个数据记录，表示一个实体。

2. 实体之间联系

分析实体之间联系的目的主要是找出现实世界中事物之间的外在联系，以便在数据库中正确表示事物以及它们之间的关系。

现实世界中事物之间是相互关联的。这种关联在事物数据化过程中表现为实体之间的对应关系，通常将实体之间的对应关系称为联系。实体之间的联系有一对一、一对多和多对多 3 种。

（1）一对一联系

一对一联系是指一个实体与另一个实体之间存在一一对应关系。例如，一个班级只有一个班长，一个人不会同时在两个（或以上）班级任班长，因此班级与班长之间是一对一联系。同样，行驶中的汽车与司机之间也是一对一联系。

（2）一对多联系

一对多联系是指一个实体对应多个实体。例如，一个班级有多个学生，而某个学生只隶属于一个班级，因此班级与学生之间是一对多联系。

（3）多对多联系

多对多联系是指多个实体对应多个实体。例如，一个学生选修多门课程，而一门课程有多名学生选修，因此学生与课程之间是多对多联系。

1.1.5　数据模型

数据模型是数据库管理系统中用于描述实体及其实体之间联系的方法，实体及其实体之间的联系用结构化数据体现出来，数据模型恰恰表示了这些结构化数据的逻辑关系，因此，任何一种数据库管理系统都需要数据模型进行描述。用于描述数据库管理系统的数量模型有层次模型、网状模型和关系模型 3 种。

1. 层次模型

层次模型是通过树型结构表示实体及其实体之间联系的数据模型，"树"中每个结点表示一个实体类型，如图 1-1 所示。

层次模型的特点是：有且仅有一个结点且没有父结点，称为根结点（如"学校"），每个非根结点有且仅有一个父（直接上层）结点。

在数据库技术中将支持层次数据模型的数据库管理系统称为层次数据库管理系统。

2. 网状模型

网状模型是通过网状结构表示实体及其实体之间联系的数据模型。"网"中每个结点表示一个实体类型。如图 1-2 所示。

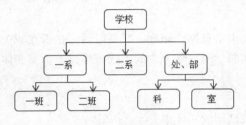
图 1-1　层次模型示例

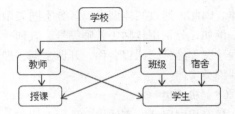
图 1-2　网状模型示例

网状模型的特点是：可能有多个结点（如"宿舍""学校"）没有父结点，即有多个根结点；某个非根结点（如"学生"）可能有多个父结点。

在数据库技术中将支持网状数据模型的数据库管理系统称为网状数据库管理系统。

3. 关系模型

关系模型是通过二维结构表示实体及其实体之间联系的数据模型，用一张二维表来表示一种实体类型，表中一行数据描述一个实体。如图 1-3 所示。

学号	姓名	性别	出生日期	籍贯	政治面貌
2012010101	李雷	男	1988/10/12	吉林	党员
2012010102	刘刚	男	1989/6/7	辽宁	团员
2012010103	王小美	女	1987/5/21	河北	党员
2012010201	张悦	男	1989/12/22	湖北	团员
2012010202	王永林	女	1987/1/2	湖南	党员
2012020101	张可可	女	1990/9/3	湖南	团员
2012020201	林立	男	1985/3/5	河南	党员
2012020202	王岩	男	1991/10/3	河南	团员
2012030101	张明	女	1990/5/30	广东	无党派
2012030102	李佳宇	女	1990/11/12	江苏	无党派

图 1-3　关系模型示例

在数据库技术中，将支持关系数据模型的数据库管理系统称为关系数据库管理系统。

1.2　关系数据库

关系数据模型具有坚实的数学理论基础。实践证明：它是简单的，易于人们理解的，容易实现的一种数据模型。因此，目前广泛使用的 Visual FoxPro、Access、Oracle 和 Sybase 等都采用了这种关系模型，即它们都是关系数据库管理系统。

1.2.1 关系模型

1. 基本概念

（1）关系

一个关系就是一张二维表，表是属性及属性值的集合。

（2）属性

表中每一列称为一个属性（字段），每列都有属性名，也称之为列名或字段名，例如，学号、姓名和出生日期都是属性名。

（3）域

域表示各个属性的取值范围。如性别只能取两个值，男或女。

（4）元组

表中的一行数据称为一个元组，也称为一个记录。一个元组对应一个实体，每张表中可以含多个元组。

（5）属性值

表中行和列的交叉位置对应某个属性的值。

（6）关系模式

关系模式是关系名及其所有属性的集合，一个关系模式对应一张表结构。

关系模式的格式：关系名（属性1，属性2，…，属性n）。

例如，学生表的关系模式为：学生（学号，姓名，性别，出生日期，籍贯）。

（7）候选键

在一个关系中，由一个或多个属性组成，其值能唯一地标识一个元组（记录），称为候选键。

例如，学生表的候选键只有学号和身份证号。

（8）主关键字

一个表中可能有多个候选键，通常用户仅选用一个候选键，将用户选用的候选键称为主关键字，可简称为主键。主键除了标识元组外，还在建立表之间的联系方面起着重要作用。

（9）外部关键字

如果一个关系 R 的一组属性 F 不是关系 R 的候选键，如果 F 与某关系 S 的主键相对应（对应属性含义相同），则 F 是关系 R 的外部关键字，简称外键。例如，如图 1-4 所示，"民族编码"是"学生表"的一组属性（非候选键），也是"民族表"的主键。两张表通过这个属性建立联系，则"学生表"中的"民族编码"称为外部关键字。

学生表

学号	姓名	性别	民族编码	专业编码
2012010101	李雷	男	10	101
2012010102	刘刚	男	10	101
2012010103	王小美	女	11	301
2012010201	张悦	男	13	202

民族表

民族编码	名称
10	汉族
11	回族
12	满族
13	蒙古族

图 1-4 外键举例

（10）主表和从表

主表和从表是指通过外键相关联的两个表，其中以外键为主键的表称为主表，外键所在的表称为从表。如"民族表"为主表，"学生表"为从表。

2. 关系模型的特点

（1）每一列中的分量是同一类型的数据，来自同一个域。

（2）不同的列可以来源于同一个域，称其中的每一列为一个属性，不同的属性要有不同的属性名。

（3）列的次序可以任意交换。

（4）行的次序可以任意交换。

（5）任意两个元组不能完全相同。

（6）每一个分量必须是不可分的数据项。

1.2.2 关系运算

对关系数据库进行查询时，需要找到用户感兴趣的数据，这就需要对关系进行一定的关系运算。关系的基本运算有两类：传统的集合运算和专门的关系运算。

1. 传统的集合运算

进行传统集合运算的两个关系必须具有相同的关系模式，即元组具有相同的结构。

（1）并运算

两个相同结构关系的并是由属于这两个关系的元组组成的集合。

（2）差运算

设有两个相同结构的关系 R 和 S，R 与 S 的差是由属于 R 但不属于 S 的元组组成的集合。

（3）交运算

两个具有相同结构的关系 R 和 S，它们的交是由属于 R 又属于 S 的元组组成的集合。

下面通过实例说明上述 3 种运算，已知两个关系 R 和 S，如表 1-2、表 1-3 所示。

表 1-2　　　　关系 R

编号	姓名
01001	王磊
01003	张晓华
01005	刘洋

表 1-3　　　　关系 S

编号	姓名
01002	王浩田
01003	张晓华
01004	孟德水

关系 R 和关系 S 的并运算、差运算和交运算的结果如图 1-5 所示。

并运算（R∪S）

编号	姓名
01001	王磊
01002	王浩田
01003	张晓华
01004	孟德水
01005	刘洋

差运算（R-S）

编号	姓名
01001	王磊
01005	刘洋

交运算（R∩S）

编号	姓名
01003	张晓华

图 1-5　关系 R 和关系 S 的并运算、差运算和交运算

2. 专门的关系运算

对于关系数据库，已经有了结构化查询语言（Structured Query Language，SQL），它对表具有

很强的操纵能力。在多数关系数据库管理系统中除了支持 SQL 语言外，自身也提供了许多操作表的功能，不同关系数据库管理系统提供的功能可能有些差异，但它们检索数据的操作基本都是以选择、投影和连接 3 种关系为核心。

（1）选择操作

选择操作是从表中选取满足某种条件的元组（记录）进行操作。通常在命令中加上条件子句和逻辑表达式来完成选择操作。

例如，从图 1-3 所示的"学生表"中选出"男"同学，结果如表 1-4 所示。

表 1-4 选择运算结果

学号	姓名	性别	民族编码	专业编码
2012010101	李雷	男	10	101
2012010102	刘刚	男	10	101
2012010201	张悦	男	13	202

（2）投影操作

投影是从表中选取若干列进行操作。选取列时不受表中列顺序的约束，可按实际需要安排各列顺序。通常在命令中加上要选取的各个列名称来完成投影操作。

例如，显示"学生表"中的"学号""姓名""性别"。结果如表 1-5 所示。

表 1-5 投影运算结果

学号	姓名	性别
2012010101	李雷	男
2012010102	刘刚	男
2012010103	王小美	女
2012010201	张悦	男

（3）连接操作

连接操作是对两张表进行连接，同时生成一张新表，新表中所有的列是被连接的两张表中列的并集或是该并集的子集，新表中包含的元组（记录）是满足连接条件的所有元组（记录）集合。连接运算有等值连接和自然连接两种。连接条件中的运算符为比较运算符，当运算符取"="时为等值连接。而自然连接是去掉重复属性的等值连接。

例如，连接图 1-4 所示的"学生表""民族表"，显示学生民族情况。结果如表 1-6 所示。

表 1-6 连接运算结果

学号	姓名	性别	民族	专业编码
2012010101	李雷	男	汉族	101
2012010102	刘刚	男	汉族	101
2012010103	王小美	女	回族	301
2012010201	张悦	男	蒙古族	202

3. 关系的完整性

关系模型的完整性规则是对关系的某种约束条件。关系模型中有 3 类完整性约束：实体完整性规则、用户定义完整性规则和参照完整性规则。

（1）实体完整性规则

关系的主键可以标识关系中的每条记录，而关系的实体完整性要求关系中的记录不允许出现两条记录的主键值相同，既不能有空值，也不能有重复值。实体完整性规则规定关系的所有主属性都不能为空值，而不是整体不能为空值。

例如，学生表（学号，姓名，性别，民族编码，专业编码）中，"学号"为主关键字，则"学号"都不能取空值，而不是整体不能为空。

（2）用户定义的完整性规则

不同的关系数据库系统根据其应用环境的不同，通常需要针对某一具体字段设置约束条件。

例如，性别字段的取值只能是"男"或"女"。

（3）参照完整性规则

参照完整性是相关联的两个表之间的约束。对于具有主从关系的两个表来说，从表中每条记录对应的外键值必须是主表中存在的，如果在两个表之间建立了关联关系，则对一个关系进行的操作要影响到另一个表中的记录。

例如，在学生表和民族表之间用"民族编码"建立了关联关系，民族表是主表，学生表是从表，那么在向从表中添加新记录时，系统要检查新记录的"民族编码"是否在主表中已存在，如果存在则允许执行输入操作，否则拒绝输入。

1.3　数据库设计基础

数据库设计是指对于一个给定的应用环境，构造优化的数据库逻辑模式和物理结构，并据此建立数据库及其应用系统，使之能够有效地存储和管理数据，满足各种用户的应用需求，包括信息管理要求和数据操作要求。

1. 数据库设计原则

为了合理地组织数据，应遵从以下基本设计原则。

（1）关系数据库的设计应遵从概念单一化，即"一事一地"的原则。

（2）避免在表之间出现重复字段。

（3）表中的字段必须是原始数据和基本数据元素。

（4）用外部关键字保证有关联的表之间的联系。

2. 数据库设计的步骤

（1）需求分析阶段。

（2）概念结构设计阶段。

（3）逻辑结构设计阶段。

（4）物理结构设计阶段。

（5）数据库实施阶段。

（6）数据库运行的维护阶段。

3. 数据库设计过程

（1）需求分析。根据实际情况，分析用户需求与处理需求，确定数据库的设计目的，确定数据库中需要存储的信息和对象。

（2）确定数据库中需要的表。如学生成绩管理数据库中有学生表、成绩表和课程表。

（3）确定数据表所需字段。建立数据表的结构，如学生表以学号为主关键字，有学号、姓名、性别和出生日期等字段。

（4）确定表间联系。如学生表与成绩表通过"学号"建立一对多的联系，课程表与成绩表通过"课程号"建立一对多的联系。

（5）设计求精。对设计进行优化设计，重新检查，找出不足，并及时进行修改。

【小结】

数据库、数据库管理系统、数据库系统是 3 个不同的概念。数据模型是数据库研究的基础。数据模型有层次、网状和关系模型，其中关系模型应用最为广泛，关系模型就是二维表。

在关系数据库中，表与表间的联系有 3 种类型：一对一、一对多和多对多。选择、投影和连接运算是 3 个最主要的关系运算。

关系模型的完整性规则是对关系的某种约束条件。关系模型有 3 类完整性约束：实体完整性、参照完整性和用户定义的完整性。

习　题　一

一、填空题

1. 支持数据库系统的 3 种数据模型是_____、_____、_____。

2. 关系中的某个属性组，它可以唯一标识一个元组，这个属性组称为_____。

3. 数据库系统的核心组成部分是_____。

4. 两个实体间的联系有_____、_____和_____类型。

5. 在关系数据库中，一个属性的取值范围为_____。

6. 二维表中的列称为关系的_____，二维表的行称为关系的_____。

二、选择题

1. DBMS 是（　　）。

　A. 数据库　　　B. 数据库管理系统　　　C. 数据库系统　　　D. 数据库处理系统

2. 在关系数据库系统中，所谓"关系"是指一个（　　）。

　A. 表　　　B. 文件　　　C. 二维表　　　D. 实件

3. 数据库管理系统中负责数据模式定义的语言是（　　）。

　A. 数据定义语言　　　　　　　B. 数据管理语言

　C. 数据操纵语言　　　　　　　D. 数据控制语言

4. 下面关于数据库系统的叙述中，正确的是（　　）。

　A. 数据库系统只是比文件系统管理的数据更多

　B. 数据库系统中数据的一致性是指数据类型一致

　C. 数据库系统避免了数据冗余

　D. 数据库系统减少了数据冗余

5. 下面关于实体完整性叙述正确的是（　　）。

　A. 实体完整性由用户来维护　　　　B. 关系的主键可以有重复值

　C. 主键不能取空值　　　　　　　　D. 空值即是空字符串

6. 数据库（DB）、数据库系统（DBS）、数据库管理系统（DBMS）三者之间的关系是（　　）。
    A. DBS 包括 DB 和 DBMS
    B. DBMS 包括 DB 和 DBS
    C. DB 包括 DBS 和 DBMS
    D. DBS 就是 DB，也就是 DBMS

7. 关系模型支持的 3 种基本运算是（　　）。
    A. 选择、投影、连接
    B. 选择、查询、连接
    C. 投影、编辑、选择
    D. 投影、选择、索引

8. Access 是一个（　　）。
    A. 数据库文件系统
    B. 数据库系统
    C. 数据库管理系统
    D. 数据库应用系统

9. 层次型、网状型和关系型数据库的划分原则是（　　）。
    A. 记录长度
    B. 文件的大小
    C. 联系的复杂程度
    D. 数据之间的联系方式

10. 在关系型数据库中要显示"学生表"中姓名和性别信息，应采用的关系运算是（　　）。
    A. 选择
    B. 投影
    C. 连接
    D. 关联

三、简答题

1. 数据库管理技术经历了哪几个发展阶段？各阶段的主要特征是什么？
2. 数据库管理系统的主要功能是什么？
3. 目前常用的数据模型有哪几种？它们的主要特征是什么？
4. 什么是关系数据库？其主要特点有哪些？
5. 关系运算包括哪些运算方式？
6. 关系完整性约束有哪几种？其作用是什么？
7. 数据库设计的步骤是什么？

第2章 Access 数据库及其创建

【本章导读】

Access 是 Microsoft 公司开发的面向办公自动化的关系型数据库管理系统，在许多企事业单位的日常数据管理中得到了广泛的应用。本章主要介绍 Access 的工作环境、Access 数据库的创建以及 Access 中的运算符和常用函数等内容。

2.1 Access 数据库系统概述

Access 集成了表、查询、窗体、报表、宏、模块等用来建立数据库系统的对象，提供了多种向导、生成器和模板，把数据存储、数据查询、界面设计、报表生成等操作规范化，为建立功能完善的数据库系统提供了方便，也使得普通用户不必编写代码，就可以完成大部分数据管理和任务。

本书主要介绍 Access 2010 中文版的使用，在下面的叙述中，若无特别说明，提到的 Access 均指 Access 2010 中文版。

2.1.1 Access 2010 的特点

Access 2010 的主要特点有以下几点。

（1）Access 2010 是 Microsoft Office 2010 办公组件中的一个数据库管理软件，具有与 Word、Excel 和 PowerPoint 等应用程序统一的操作界面。

（2）使用 Access 创建的数据库系统封装在一个单独的文件中，即一个 Access 数据库中的各种成分（包括数据表、查询、窗体、报表、宏和模块等）都存储在一个文件中，这样有利于整个系统的迁移和维护等工作。

（3）Access 2010 是一个完全面向对象，并采用事件驱动机制的关系数据库管理系统，使得数据库的应用与开发更加便捷、灵活。

（4）Access 2010 增强了通过 Web 网络共享数据库的功能，可以将 Access 数据库应用程序作为 Web 应用程序部署到 SharePoint 服务器上。

（5）Access 2010 提供了两种数据库类型的开发工具，一种是标准桌面数据库类型，另一种是 Web 数据库类型，使用 Web 数据库开发工具可以方便地开发网络数据库，使得用户可以在整个组织内通过 Internet 共享数据。

（6）Access 2010 提供了大量的内置函数和宏操作，数据库开发人员（包括不懂编程语言的开发人员）都可以快速地以一种无代码的方式实现各种复杂的数据库操作与管理任务。

（7）Access 2010 支持 Visual Basic 的高级编程技术（VBA）。

（8）Access 2010 提供了丰富的联机帮助功能。

2.1.2　Access 的启动与退出

Access 2010 系统的启动和退出与其他 Office 应用程序类似，有多种方法可以启动和退出系统。

1. Access 的启动

单击"开始"菜单→执行"所有程序"→"Microsoft Office"→"Microsoft Office Access 2010"命令，可以启动 Access 系统。也可以通过双击具体的 Access 数据库文件启动系统。

2. Access 的退出

退出 Access 的方法是单击主窗口右上角的"关闭"按钮，也可以通过单击"文件"选项卡中的"退出"命令来关闭 Access 2010。

无论何时退出，Access 都将自动保存对数据的更改。如果上一次保存之后，又更改了数据库对象的设计，Access 将在关闭之前询问是否保存这些设置。

注意　如果意外退出 Access，可能会损坏数据库。

2.1.3　Access 的工作界面

启动 Access 系统后，在打开 Access 但未打开数据库时，默认显示 Backstage 视图，如图 2-1 所示。

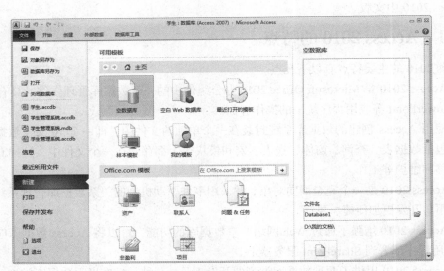

图 2-1　Backstage 视图

打开一个数据库或者新建一个数据库，可以进入 Access 工作界面。例如，在 Backstage 视图中选择"新建"命令，然后从"样本模块"类别中选择"学生"数据库模板，创建一个"学生"

数据库，进入 Access 工作界面，如图 2-2 所示。

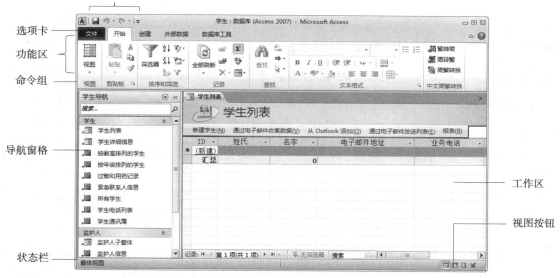

图 2-2　Access 工作界面

Access 的工作界面包括快速访问工具栏、标题栏、功能区、导航窗格、工作区和状态栏等几部分。

1. 快速访问工具栏

快速访问工具栏包含一组独立于当前显示功能区选项卡的命令，默认有"保存"、"撤销"、"恢复"3 个命令。单击该工具栏右侧的"自定义快速访问工具栏"按钮 ，可以将其他常用的命令添加到快速访问工具栏中。

2. 功能区

功能区包含若干个围绕特定方案或对象进行组织的选项卡，每个选项卡包含多组相关命令。如图 2-2 所示，"开始"选项卡的"记录"组包含了用于创建数据库记录和保存这些记录的命令。双击任意选项卡，可以将功能区最小化；再次双击选项卡，则展开功能区，也可以单击 Access 窗口右上方的"功能区最小化/展开功能区"按钮 ，将功能区最小化或展开功能区。

3. 功能区选项卡

功能区选项卡分为主选项卡和上下文选项卡两类，前者包含常用的操作命令，后者在操作不同的数据库对象时才出现。上下文选项卡也称为工具选项卡。

（1）主选项卡

主选项卡包括以下几种。

① "文件"选项卡：单击该选项卡将打开图 2-1 所示的 Backstage 视图。在 Backstage 视图中，可以新建数据库，打开现有的数据库，保存数据库，关闭数据库，更改数据库设置，或执行其他数据库维护任务。

② "开始"选项卡：包括"视图"、"剪贴板"、"排序和筛选"、"记录"、"查找"、"窗口"、"文本格式"、"中文简繁转换"8 个组，用来对数据库进行各种常用操作。当打开不同的数据库对

象时，这些组的显示有所不同。

③ "创建"选项卡：包括"模板"、"表格"、"查询"、"窗体"、"报表"、"宏与代码"6个组，如图 2-3 所示。Access 数据库中的所有对象都是从这里创建的。

图 2-3 "创建"选项卡

④ "外部数据"选项卡：包括"导入并链接"、"导出"、"收集数据"3个组，用来实现内部数据与外部数据交换的管理和操作。

⑤ "数据库工具"选项卡：包括"工具"、"宏"、"关系"、"分析"、"移动数据"、"加载项"6个组，用来启动 Visual Basic 编辑器，创建表关系，管理 Access 加载项等。

（2）上下文选项卡

上下文选项卡位于主选项卡的右侧，根据不同的操作对象或不同的操作任务自动显示，具有智能功能。例如，打开表设计视图时，在"数据库工具"选项卡右边会出现一个"表格工具"选项卡，如图 2-4 所示。

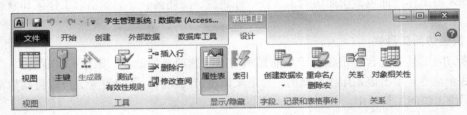

图 2-4 "表格工具"选项卡

根据操作对象的不同，上下文选项卡还可以是一个选项卡组。例如，打开窗体设计视图时，会出现"窗体设计工具"选项卡组，其中包括"设计"、"排列"、"格式"3个选项卡，如图 2-5 所示。

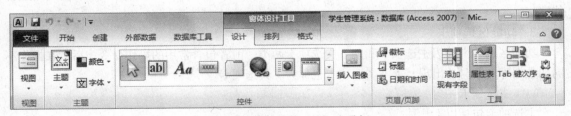

图 2-5 "窗体设计工具"选项卡

此外，用户还可以自定义选项卡，以便根据自己的工作风格对 Access 进行个性化设置。

在选项卡的某些命令组中，组名的右侧区域有一个打开的按钮 ，单击该按钮可以打开一个对话框，为该组提供更多的操作设置。例如，在"开始"选项卡的"文本格式"组中，单击打开"按钮"，可以打开"设置数据表格式"对话框。

4. 导航窗格

导航窗格用于管理和组织数据库对象，打开数据库或创建新数据库时，数据库对象的名称将显示在导航窗格中。Access 数据库对象包括表、查询、窗体、报表、宏和模块，在导航窗格中可以按不同的分类方式显示各个数据库对象。

在导航窗格中，右键单击某个数据库对象，可以打开一个快捷菜单，使用快捷菜单中的命令，可以操作数据库对象。快捷菜单中的命令因对象类型而不同。

单击导航窗格右上角的"百叶窗开／关"按钮 《 ，可以隐藏或显示导航窗格；单击分组按钮，如图 2-2 中的"学生"组按钮 学生 《 ，可以展开折叠该组。

5. 工作区与选项卡式文档

Access 工作区是用来设计、编辑、显示以及运行表、查询、窗体、报表和宏等数据库对象的区域。

在 Access 工作区中，采用选项卡式文档界面操作各个数据库对象，这种方式不仅可以在 Access 窗口中用更小的空间显示更多的信息，而且还方便用户查看和管理数据库对象，如图 2-6 所示，在工作区中打开了 3 个选项卡。

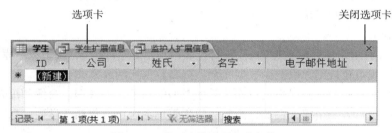

图 2-6　工作区中的选项卡式文档

如果打开的对象比较多，在工作区窗格的上方只显示部分选项卡。单击窗格左、右侧的滚动按钮 ◀ 和 ▶ ，可以显示被隐藏的选项卡。选中某个选项卡，然后单击工作区窗格右上角的关闭按钮 × ，可以关闭该选项卡。

6. 视图

视图是 Access 中对象的显示方式，表、查询、窗体和报表等数据库对象都有不同的视图，在不同的视图中，可以对对象进行不同的操作。

"开始"选项卡的第一个组就是"视图"组，在该组中可以切换对象的视图，也可以通过状态栏右侧的视图按钮 ，在对象的各个视图之间切换。当切换到每个对象的设计状态时，在相应的设计选项卡中，也都包含"视图"组。

7. 使用快捷键

在工作界面中，除了使用鼠标操作来选择快速访问工具栏和功能区选项卡中的命令，还可以使用快捷键来完成同样的操作。方法如下：

按下 Alt 键，然后释放，在当前视图中每个可用功能的上方就会显示快捷键标识，如图 2-7 所示，只要按下相应的数字或字母键就可以执行相应的操作命令。例如，按下 C 键，即可打开"创建"选项卡，并显示该区域中的快捷键，如图 2-8 所示。按下 TD 键，即可打开表设计视图。

图 2-7　工作界面中的快捷键

图 2-8　"创建"选项卡中的快捷键

2.1.4　Access 的数据库对象

一个 Access 2010 数据库就是一个扩展名为.accdb 的 Access 文件，Access 数据库中包含表、查询、窗体、报表、宏和模块 6 个对象。

1. 表（Table）

表是 Access 有组织地存储数据的场所，每个表由记录和字段构成。关系数据库划分各个表时，一般应遵循关系规范化规则，以减少数据冗余、提高数据库的效率。

表是数据库的基础与核心，表可以作为其他类型的对象，如查询、窗体和报表等的数据源。一个数据库可以包括若干个表，例如，高校的学生管理系统可以包括"学生信息"、"学生成绩"、"教师信息"等数据表。

2. 查询（Query）

查询是对数据库中数据重新进行筛选或分析形成新的数据源。被查询的数据可以取自一个表，也可以取自多个相关联的表，还可以取自已存在的其他查询。

3. 窗体（Form）

窗体是用户对数据库中数据操作的一个主要界面。窗体是以表、查询为数据源，通过窗体用户可以对数据做输入、浏览和编辑等操作。窗体可以进行个性化的设计，通常把窗体设计成便捷、美观的屏幕显示方式。

4. 报表（Report）

报表用于将选定的数据以特定的版式显示或打印，其数据源可以来自一个数据表或查询。

5. 宏（Macro）

宏是某些操作的集合。Access 有几十种宏指令，用户可按照需求将它们组合起来，完成一些经常重复的或比较复杂的操作。宏经常与窗体配合使用。

6. 模块（Module）

模块是用 Access 提供的 VBA（Visual Basic for Applications）语言编写的程序，可用于完成无法用宏来实现的复杂的功能。

上面所介绍的 Access 对象，在一个具体的数据库系统中各自起着不同的作用。但是，它们又不是各自独立的，彼此之间存在相互关联。在以上的对象中，前 4 类对象均用于对数据的存储和显示，属于数据文件，后两类可以看作是程序文件，代表了应用程序的指令和操作。但宏和模块之间是有区别的：模块是用户自己编写的程序，宏是系统以命令的方式提供的程序。

2.2　创建 Access 数据库

2.2.1　数据库的设计步骤

1. 确定创建数据库的目的

设计数据库和用户的需求紧密相关，首先，要明确创建数据库的目的以及如何使用，用户希望从数据库得到什么，由此可以确定需要什么样的表和定义哪些字段。其次，要与将使用数据库的人员进行交流，集体讨论需要数据库解决的问题，并描述需要数据库完成的各项功能。

2. 确定该数据库中需要的表

一个数据库可能是由若干个表组成，所以确定表是数据库设计过程中最重要的环节。在设计表时，应该按照以下设计原则对信息进行分类。

（1）表不应包含备份信息，表间不应有重复信息。

（2）每个表最好只包含关于一个主题的信息。

（3）同一个表不允许出现同名字段。

3. 确定字段

字段是表的结构，记录是表的内容。所以确定字段是设计数据库不可缺少的环节。例如，学生信息表可以包含学生的学号、姓名、性别、出生日期、籍贯、政治面貌等字段。在定义表字段时应注意以下几点。

（1）每个字段直接与表的主题相关。

（2）尽可能包含所需的所有信息。

（3）由于字段类型由输入数据类型决定，那么同一字段的值要具有相同的数据类型。

4. 确定主键

为了连接保存表中的信息，使多个表协同工作，在数据库表中需要确定主键。

5. 确定表之间的关系

因为已经将信息分配到各个表中，并且定义了主键字段，若想将相关信息重新结合到一起，必须定义数据库中的表与表之间的关系，不同表之间确定了关系，才能进行相互访问。

6. 输入数据

表的结构设计完成之后，就可以向表中输入数据。

2.2.2　Access 数据库的创建

在 Access 2010 数据库应用系统中，所有的数据库资源都存放一个数据库文件中，该文件的扩展名为.accdb。Access 提供了两种建立数据库的方法。

1. 创建空数据库

创建空白数据库后，根据实际需要添加表、查询、窗体、报表等其他对象。

例 2.1　创建一个空的"学生管理系统"的数据库。

操作步骤：

（1）启动 Access，打开 Access 2010 的启动界面。

（2）选择"新建"命令，再选择"空数据库"类别。

（3）在 Backstage 视图窗格的右侧，单击文件名文本框边上的浏览按钮 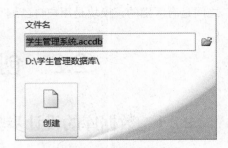，打开"文件新建数据库"对话框，选择数据库文件的存储路径，并输入文件名。文件的保存类型默认为"Microsoft Access 2007 数据库"，扩展名默认为.accdb。本例中文件的存储路径为"D:\学生管理数据库"，文件名为"学生管理系统"，如图 2-9 所示。

图 2-9　创建空数据库

（4）单击"创建"按钮，即创建了一个空白的 Access 数据库，同时进入 Access 的工作界面，并在导航窗格中显示一个名称为"表 1"的空数据库，如图 2-10 所示。

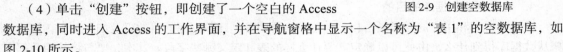

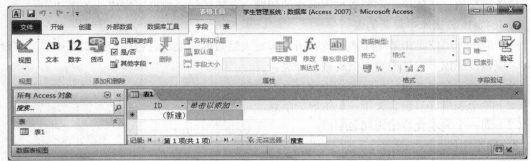

图 2-10　新创建的"学生管理系统"数据库

用户可以开始进行后续的设计工作，本例中选择了"文件"选项卡中的"关闭数据库"命令，关闭新建的"学生管理系统"数据库。

2．使用数据库模板创建新数据库

模板是一种预先设计好的包含某个主题内容的数据库，模板的扩展名为.accdt。在模板数据库中已建立了表、查询、窗体、报表等主题内容的相关数据库对象。

Access 为若干类常见的应用提供了数据库模板，选择某类模板后，即可用向导来引导用户逐步创建该类的一个数据库。

例 2-2　用数据库模板创建一个"学生"数据库。

操作步骤：

（1）启动 Access，打开 Backstage 视图，选择"文件"列表下"新建"命令，单击"可用模板"中的"样本模板"按钮，打开"样本模板"列表。

（2）单击"学生"选项，确定数据库的保存位置，数据库的名称默认为"学生"，单击"创建"按钮，系统开始创建数据库，创建完成后，自动打开"学生"数据库。如图 2-11 所示。

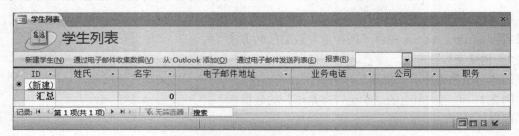

图 2-11　新创建的"学生"数据库

使用模板创建的数据库不再是一个空的数据库，其中会包含表、查询、窗体、报表、宏和模块等对象，但没有具体的数据，用户可以修改这些对象，以满足实际应用的需要。

在图 2-11 所示的"学生"数据库工作界面中，单击导航窗格上方的"百叶窗开/关"按钮 «，展开导航窗格，可以看到该数据库中包含的所有对象，如图 2-12 所示。

双击"学生"分组中的"学生详细信息"窗体对象，可以打开窗体界面，进行信息编辑。

图 2-12 "学生"数据库的导航窗格

2.3 Access 中的运算与函数

和其他的常见的数据库系统或高级语言一样，Access 数据库管理系统也支持在数据库及其应用程序中使用函数和表达式。

2.3.1 常量

常量是指固定不变的量。常量一般分为直接常量、系统常量和符号常量。

1. 直接常量

直接常量分为以下三种类型。

（1）数字常量。数字常量是指整数或小数，例如 18，−25，2.71828 等。

（2）字符串常量。字符串常量是指用半角双引号括起来的字符串，例如"Access 2010"、"数据库技术"和"20134103110"等。

（3）日期/时间常量。日期/时间常量在使用时必须用定界符（#）在两边括起来，例如：#2014-7-18#、#10:18:22#、#15-1-1 10:19:30#。日期／时间常量又分为常规日期、短日期、长日期等七种格式。

2. 系统常量

（1）"是／否"型常量。"是／否"型常量是逻辑值，其中 Yes，True、ON、−1 均表示"真"，No、False、Off、0 均表示"假"。

（2）空字符串。空字符串也称为"零长度字符串"，用两个紧接的半角双引号""来表示。

（3）Null。Null 表示未知的数据，对于字段或控件值，若因未输入数据，或数据已删除，其值就为 Null。

Null 既不同于空格，也不同于空字符串。空格与字符串都是有长度的字符串，而 Null 没有长度。

3. 符号常量

当一个程序中多次使用一个常量时，可以定义一个标识符来代表这个常量值，系统在执行时会自动将这个标识符替换成所代表的常量值，这个标识符出现的常量就称为符号常量。引入符号常量增加了程序的可读性和可维护性。

使用 CONST 语句可以声明符号常量。

格式：CONST <符号常量名>=<表达式>

例如：

```
Const  pi = 3.1415926        '定义符号常量 pi 代表 3.1415926
Const  djks = "等级考试"      '定义符号常量 djks 代表"等级考试"
```

① 符号常量名称不能与系统专有的标识符同名。

② 定义符号常量时不需要指明数据类型，VBA 会自动按存储效率最高的方式确定其数据类型。

③ 符号常量定义后就可以在其相应的程序段内使用，但不允许为其重新赋值。

2.3.2 表达式

表达式是由运算符和操作数组成的式子，具有计算、判断和数据类型转换等作用。

每一个表达式都有一个值，可以用表达式值的类型作为表达式的类型，如"数据库技术"为字符串表达式；也可以用运算符的类型作为表达式的类型，如 3 + 5 为算术表达式。

一个表达式中可能包含多个运算符，运算符的优先级别决定了表达式的求值顺序，优先级高的先运算，同级别的从左到右运算。

表达式中使用的所有符号，如运算符、括号等都必须是英文符号。

1. 算术运算符

Access 提供了以下的算术运算符，如表 2-1 所示。

2. 关系运算符

关系运算符是用来对两个数据做比较的，运算的结果是逻辑值，在 Access 中提供的关系运算符见表 2-2。

表 2-1　　　　　　　　　　　　算术运算符

运算符	功能	示例	运算结果
（ ）	圆括号	（7+8）/（10−5）	3
^	乘方	2^3	8
−	取负	−3*4+6	−6
*、/	乘法、除法	3*5，17 / 3	15，5.6666
\	整数（求商）	17\5	3
Mod	取模（求余）	17 Mod 5	2
+、−	加法、减法	2+3，15−3	5，12

表 2-2　　　　　　　　　　　　关系运算符

运算符	功能	示例	运算结果
=	等于	5=3	False
>	大于	"Girl">" Girls"	False
> =	大于等于	5>=3	True
<	小于	"Girl"<" Girls"	True
< =	小于等于	5<=3	False
< >	不等于	5<>3	True

使用关系运算符进行比较时，应注意以下规则。

（1）数字型数据按值的大小进行比较。

（2）字符型数据按字符的 ASCII 码从左到右一一对应进行比较。首先比较两个字符串的第一个字符，ASCII 码大的字符串大。如果两个字符串第一个字符相同，则比较第二个字符，以此类推，直到出现不同的字符为止。

（3）日期型数据按年、月、日的先后进行比较。

（4）汉字按内码比较。

3. 特殊运算符

除了关系运算符可以用来对两个数据做比较外，Access 中提供的特殊运算符也可以对两个数据做比较。如表 2-3 所示。

表 2-3　　　　　　　　　　　　　　特殊运算符

运算符	功能	示例	含义
IS	对象引用比较	Is Null 或 Is Not Null	判断是否为（不）空
LIKE	字符串匹配	"This"　Like "*is*"	判断是否包含"is"
BETWEEN…AND…	在……之间	[成绩] Between 80　And　90	判断[成绩]是否在[80,90]
IN	确定某个字符串值是否在一组字符串值内	[学历] in ("本科","硕士")	判断[学历]是否是"本科"或"硕士"

（1）比较运算 Is 的表达式 Is　Null 或 Is　Not　Null，用于测试列中的内容或表达式的结果是否为空值。

（2）Like 关系运算符可以与通配符结合使用，用于实现模糊查询。

（3）比较运算符 Between 的格式为：<表达式> [Not] Between <值 1> And <值 2>，该运算符用于判别<表达式>的值是否在<值 1>与<值 2>范围内，可在筛选、有效性规则和 SQL 语句等地方使用。例如表达式：[出生日期] Between　#1995-1-1#　And　#1997-12-31#，当出生日期的年份在 1995—1997 年之间时，结果为真。

4. 逻辑运算符

逻辑运算符又称为布尔运算，除 Not 是单目运算符外，其余均是双目运算符。由逻辑运算符连接的两个或多个关系式，对操作数进行逻辑运算，结果是逻辑值 True 或 False。Access 中常用的逻辑运算符有三种，如表 2-4 所示。

表 2-4　　　　　　　　　　　　　　逻辑运算符

运算符	功能	含义	示例	运算结果
Not	非	结果是右边的逻辑值的反	Not　3<5	False
And	与	两边都是真时值为真	5>3 And 9>7	True
Or	或	两边有一个为真时值为真	3>5 Or 9>7	True

5. 字符串运算符

字符串运算符："&" 或 " + "，用于连接两个字符串。常使用&作为连接运算符。

功能：用于将两个字符串连接起来合并为一个字符串。

（1）"&" 用于强调字符串连接，两个运算数都作为字符串处理，自动将数值转换为数字形式的字符串。

（2）"＋"具有算术运算和字符串连接双重功能。

（3）两个运算数都是字符串时进行连接运算。

（4）当两个运算数是数值时则进行算术运算，此时如果另一个运算数是数字形式的字符串，则自动将其转换成数值后进行算术运算，而如果另一个运算数不是数字串时则发生类型不匹配错误。

例如：

```
"Microsoft" & "Access"        运算结果为字符串：MicrosoftAccess
1234 & 5678                    运算结果为字符串：12345678
"1234" + "5678"               运算结果为字符串：12345678
1234 + "5678"                 运算结果为 6912，将数字串"5678"转换成数值后进行加法运算
1234 + "5678A"                运算在试图将"5678A"转换成数值时出现"类型不匹配"错误
```

6. 运算符的优先级

在表达式中，当运算符不止一种时，要先进行算术运算、字符运算，接着进行比较运算，最后才是逻辑运算。所有比较运算符的优先顺序都相同；逻辑运算符中先算 Not 运算，再算 And 运算，然后是 Or 运算。

可以用圆括号"( )"改变表达式中运算的优先顺序，强制表达式中的某些部分优先进行计算。括号内的运算总是优先于括号外的运算。在括号之内，运算符的优先顺序不变。

2.3.3　函数

Access 内置了近百个标准函数，每个函数都有一个函数名和返回值，这些函数为用户在计算、设置条件和显示信息等方面带来较大的便利。函数的调用格式如下。

格式：＜函数名＞（＜参数 1＞，＜参数 2＞，…＝

常用函数的返回值参与表达式的运算，无论函数是否带有参数，函数名后面都必须加括号，如：Date()，Year(#1996-12-1#)。

下面分别介绍一些常用的标准函数，可以在立即窗口测试函数的功能。函数中的参数 N 表示数值表达式。

1. 算术函数（见表 2-5）

表 2-5　　　　　　　　　　　　　　算术函数

函数	返回值	示例	运算结果
Abs(N)	N 的绝对值	Abs(−28)	28
Sqr（N）	N 的平方根	Sqr(9)	3
Exp(N)	e 的 N 次方的值	Exp(1)	2.71828
Log(N)	N 的自然对数	Log(Exp(1))	1
Int(N)	不大于 N 的最大整数	Int(−2.7)	−3
Fix(N)	N 的整数部分	Fix(−2.7)	−2
Sin(N)	N 角（单位为弧度）的正弦值	Six(3.14)	.999999
Round(N [,小数位数])	将 N 四舍五入，保留指定的小数位数	Round(6.7654, 2)	6.77
Rnd ([N])	大于或等于 0，但小于 1 的随机数	Rnd()	结果为一个随机数

2. 文本函数（见表 2-6）

表 2-6 文本函数

函数	返回值	示例	结果
Left(字符表达式，N)	字符表达式左起 N 个字符	Left("数据管理", 2)	"数据"
Right(字符表达式，N)	字符表达式右起 N 个字符	Right("数据管理", 2)	"管理"
Mid(字符表达式，M[，N])	从字符表达式的 M 位置开始，取 N 个字符，省略 N，表示取到字符表达式的尾部	Mid("数据管理", 3, 2)	"管理"
Len(字符表达式)	字符表达式所含的字符个数	Len("数据管理")	4
Trim(字符表达式)	删除字符表达式前后的空格	Trim(" Access ")	"Access"
Space(N)	N 个空格	Space(5)	" "
UCase(字符表达式)	字符表达式中的小写字母转换成大写	UCase("Access")	"ACCESS"
LCase(N)	字符表达式中的大写字母转换成小写	LCase("Access")	"access"
Instr([start,] 字符表达式 1，字符表达式 2)	从 Start 位置开始查找，返回字符表达式 2 在字符表达式 1 中最先出现的位置	InStr("计算机等级考试", "等级")	4

3. 转换函数（见表 2-7）

表 2-7 转换函数

函数	返回值	示例	结果
Asc（字符表达式）	字符表达式首字母的 ASCII 码	Asc("Air")	65
Chr（ASCII 码值）	返回 ASCII 码值所对应的字符	Chr(65)	A
Val（字符表达式）	字符表达式转换为数字	Val("2.71a")	2.71
Str(N)	数值表达式转换为字符串，非负数以空格开头，负数以负号开头	Str(23.54)	" 23.54"

4. 日期时间函数（见表 2-8）

表 2-8 日期时间函数

函数	返回值	示例
Time()	以 HH:MM:SS 格式返回系统当前时间	Time()
Date()	返回系统当前日期	Date()
Now()	返回系统当前的日期和时间	Now()
Year(日期)	返回日期中的年份数	Year(Date())
Month(日期)	返回日期中的月份数	Month(Date())
Day(日期)	返回日期中的日数	Day(Date())
WeekDay（日期[，N]）	返回参数日期是星期几中的第几天数，星期日的值是 1，星期六的值是 7。N 表示星期天数的起点值，缺省时默认为 1	Weekday(Date()) Weekday(Date(), 4)

【小结】

本章主要讲解了 Access 数据库系统的特点、启动与退出，详细介绍了 Access 2010 的工作界面及数据库的对象。阐述了数据库设计的步骤、数据库创建的两种方法以及 Access 中的常量、运算符、表达式以及常用函数。

习　题　二

一、填空题

1. Access 2010 数据库文件的扩展名为_____。

2. 表达式 10 /3 >5 And "abcd "< "AbCD " 的值是_____。

3. 逻辑运算符的优先级顺序由高到低为_____、_____、_____。

4. 函数 Len("计算机等级考试")的值是_____。

5. 表达式 Fix(−3.75)、Fix(3.75) 的值分别是_____，_____。

6. 表达式 Int(−3.75)、Int(3.75) 的值分别是_____，_____。

7. 函数 Mid("计算机等级考试",4,2)的结果是_____。

8. Left("123456789"，Len("计算机"))的计算结果是_____。

9. 函数 Round(15.32+13.22,0)的返回值是_____。

10. 当一个表达式中同时出现数值运算、逻辑运算、比较关系运算和函数时，各类运算符的操作优先级由高到低的次序是_____。

二、选择题

1. Access 的数据库文件扩展名是（　　　）。
   A. md 文件　　　　　B. accdb 文件　　　C. acdot 文件　　　D. xlsx 文件

2. Access 是一个（　　　）。
   A. 数据库文件系统　　　　　　　　B. 数据库系统
   C. 数据库应用系统　　　　　　　　D. 数据库管理系统

3. Access 属于（　　　）数据库。
   A. 层次　　　　　　B. 网状　　　　　　C. 关系　　　　　　D. 面向对象

4. 不是 Access 关系数据库中的对象为（　　　）。
   A. 查询　　　　　　B. 电子表格　　　　C. 宏　　　　　　　D. 窗体

5. 在 Access 数据库中，用于存储数据的对象是（　　　）。
   A. 表　　　　　　　B. 查询　　　　　　C. 窗体　　　　　　D. 报表

6. 能够完成正实数 X 保留两位小数，千分位四舍五入的表达式是（　　　）。
   A. 0.01*Int(100*(X+0.005))　　　　B. 0.01*Int(X+0.05)
   C. 0.01*Int(X+0.005)　　　　　　　D. 0.01*Int(100*(X+0.05))

三、简答题

1. Access 系统的特点是什么？

2. Access 数据库包括哪几个对象？

3. 简述 Access 2010 数据库中的 6 个子对象的功能和它们的关系。

4. 使用模板创建数据库与创建的空数据库有什么不同？

四、实验题

1. 利用 Access 系统提供的帮助，查找 6 个数据库对象的相关帮助信息，了解它们在 Access 数据库中的主要作用。

2. 启动 Access 系统，在桌面上创建一个"学生管理.accdb"的空数据库文件，进入 Access 的工作界面，熟悉 Access 的工作环境。

3. 启动 Access 系统，使用"样本模板"中的"学生"数据库模板，创建一个名为"学生.accdb"的数据库文件，并保存在桌面上。使用这个示例数据库，查看它的各个数据库对象，并在导航窗格中选择不同的浏览类别来组织数据库对象。

4. 熟悉常用函数的功能。

第**3**章 表的创建与使用

【本章导读】

在 Access 中，表是存储数据的基本单位，是整个数据库系统的基础。建立 Access 数据库之后，就可以在数据库中建立数据表对象。本章主要介绍表的创建方法，输入和编辑记录，为表建立主索引和关系，数据的导入和导出，记录的汇总、排序和筛选等内容。

3.1 表 的 创 建

表是由字段和记录两部分组成的，字段描述了表的结构，记录描述了表中存储的数据。通常在表设计视图中创建表的结构，在数据表视图中输入和浏览记录。

3.1.1 Access 数据类型

1. 数据表

在 Access 中，表对象是以二维表形式存在的，如表 3-1 所示。表中的列称为字段，是所描述实体在某一方面的特征；表中的行称为记录，记录由多个字段组成，一条记录就是一个完整的信息。记录的内容是表提供的全部信息。

表 3-1　　　　　　　　　　　　　　　学生信息

学号	姓名	性别	出生日期	籍贯	班级编号	入学分数
2012010101	李雷	男	1994/10/13	吉林	120101	560
2012010102	刘刚	男	1993/6/7	辽宁	120101	576
2012010103	王小美	女	1995/5/21	河北	120101	550
2012010201	张悦	男	1993/12/22	湖北	120102	601

2. 表的字段

字段一般都拥有许多属性，其中最重要的属性是字段名称和数据类型。

（1）字段名称

用于标识表中的一列，即数据表中的一列称为一个字段，而每一个字段均具有唯一的名字，称为字段名称。

字段名称的约束规则主要包括以下几点。

① 字段名称可以包含字母、汉字、数字、空格（只能在字段名称中间，不能以空格开头）和其他字符。

② 字段名称长度为 1~64 个字符（一个汉字算一个字符）。

③ 字段名称中不能包含点号"."、感叹号"!"、撇号"'"、方括号"[ ]"、先导空格或不可打印的符号（如回车符号）。

（2）数据类型

一个数据表中的同一列数据必须具有相同的数据特征，称为字段的数据类型。在一个数据表中，不同的字段可以存储不同类型的数据。

Access 在设计数据表结构中提供了 12 种数据类型，表 3-2 列出了各种数据类型的用途和占用的长度。

表 3-2　　　　　　　　　　　　　　　字段的数据类型

数据类型	作用	大小
文本	存储文本、数字或文本与数字的组合	最多 255 个中文或西文字符
备注	存储较长的文本	最多为 64000 个字符
数字	存储用于数字计算的数值数据	1、2、4、8 或 16 个字节
日期/时间	存储 100~9999 年的日期和时间数据	8 个字节
货币	存储货币值	8 个字节
自动编号	存储一个唯一的顺序号或随机数	4 或 16 字字节
是/否	存储"是"或"否"值	1 位
OLE 对象	存储链接或嵌入的对象（如 Excel 电子表格、Word 文档、图形、声音或其他二进制数据）	最多 1GB
超链接	以文本形式存储超链接地址	最多为 64000 个字符
附件	附加一个或多个不同类型的文件	单个文件的大小不能超过 256MB，最多可以附加 2GB 的数据
计算	存储计算结果	8 个字节
查阅向导	创建一个"查阅"字段，可以使用组合框或列表框选择字段值	4 个字节

（3）字段属性

数据表中的字段对象具有其他的一些属性，这些属性值的设置将决定各个字段对象在被操作时的特性。如字段大小、格式、有效性规则、有效性文本、索引等。

（4）字段说明

字段说明会出现在数据表视图窗口的状态栏中，当浏览表时，只要光标进入添加了字段说明的列中，状态栏上就会显示该字段的说明信息，帮助使用者更好地理解该字段的组成特征。

3.1.2　创建表

在 Access 中，创建表可以有多种方法，可以利用直接输入数据、表设计器、模板、导入和链接等方法创建表。

1. 使用数据表视图创建表

例 3-1 在"学生管理系统"数据库中，使用数据表视图创建"学生信息 1"表。

操作步骤：

（1）打开"学生管理系统"数据库，单击功能区"创建"选项卡下"表格"组中的"表"按钮 ▦，打开表的数据表视图，如图 3-1 所示。

（2）单击表格中第二列的"单击以添加"右边下拉列表按钮，选择字段类型，如图 3-2 所示。

图 3-1 表的数据表视图   图 3-2 选择字段类型

（3）选择"文本"类型。此时第二列字段名称为改写状态。如图 3-3 所示，直接输入字段名称即可。这里输入"学号"。

（4）在字段名称"学号"下一行输入学号值"2012010101"，如图 3-4 所示。

图 3-3 "字段 1"为改写状态   图 3-4 输入字段值

（5）重复以上步骤，分别添加字段"姓名"、"性别"、"出生日期"、"籍贯"、"班级编号"等。结果如图 3-5 所示。

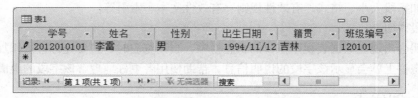

图 3-5 在数据表视图中输入字段及记录

（6）单击快速访问工具栏中的"保存"按钮，在弹出的"另存为"对话框中输入"学生信息1"，单击"确定"按钮，保存"学生信息 1"表。

本书截图是基于设置"文档窗口选项"中"重叠窗口"选项。"文档窗口选项"有两种："重叠窗口"和"选项卡式文档"。可以通过单击"文件"→"选项"命令，打开"Access 选项"对话框，选择"当前数据库"，单击窗格右侧"文档窗口选项"中的选项来设置。

2．使用模板创建表

使用模板创建表是把系统提供的示例作为样本，生成样本表，再根据需要进行修改。

例 3-2　使用模板创建一个"联系人"表。

操作步骤：

（1）在"学生管理系统"数据库中，单击功能区"创建"选项卡下"模板"组中的"应用程序部件"按钮 ，打开系统模板，如图 3-6 所示。

（2）单击"快速入门"列表中的"联系人"按钮，打开"创建关系"对话框，如图 3-7 所示。

这一步要确定"联系人"与数据库中已有的表之间是否存在关联关系，如果存在关系，需要确定关联字段。单击"创建"按钮。

图 3-6　显示系统模板

使用模板创建的表，因为样本本身是由系统提供的，所以限制了用户的设计思想，得到的表与实际问题未必完全相符，因此使用这种方式建立的表，也需要进一步修改表的结构。

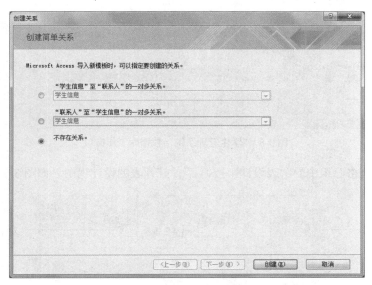

图 3-7　创建关系对话框

3．用设计器创建表

利用设计器创建表，是一种最常用和有效的方法。利用设计器创建表，需要先定义表结构，然后再输入记录。表的结构定义主要是字段属性，包括字段名、字段类型、字段长度、索引和主键等。

例 3-3   在"学生管理系统"数据库中，使用设计器创建"学生信息"表，表结构如表 3-3 所示。

表 3-3   "学生信息"表结构

字段名称	数据类型	字段大小	主键	不允许为空
学号	文本	10	✓	✓
姓名	文本	8		✓
性别	文本	1		
出生日期	日期			
籍贯	文本	50		
政治面貌	文本	10		
班级编号	文本	6		
入学分数	数字	整型		
简历	备注			
照片	OLE 对象			

操作步骤：

（1）打开"学生管理系统"数据库，单击功能区中的"创建"选项卡，如图 3-8 所示。

图 3-8   "学生管理系统"数据库工作窗口

（2）单击"表格"组中的"表设计"按钮 ，打开表的设计视图，如图 3-9 所示。

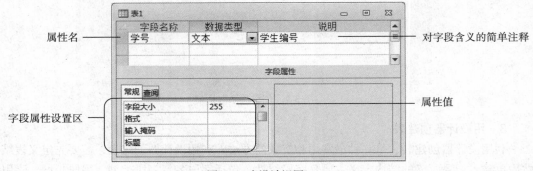

图 3-9   表设计视图

在设计视图的第 1 行中输入第 1 个字段：字段名称为"学号"，数据类型为"文本"，在字段属性区域中的"常规"列表中，将"字段大小"属性设置为 10。

按上述方法，参考表 3-3，依次定义"姓名"、"性别"、"出生日期"、"籍贯"、"政治面貌"、"班级编号"、"入学分数"、"简历"、"照片"等字段。

（3）选择"学号"字段，单击"工具"组中的"主键"按钮，设置"学号"字段为主键。或者右键单击"学号"字段，从快捷菜单中选择"主键"命令，将"学号"字段设置为主键。表结构的最终设计结果如图 3-10 所示。

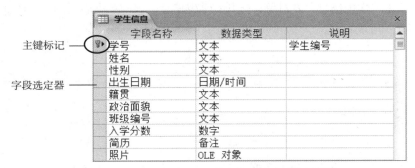

图 3-10 "学生信息"表结构的设计

（4）单击快速访问工具栏中的"保存"按钮，打开"另存为"对话框，在"表名称"文本框中输入"学生信息"，如图 3-11 所示。

（5）单击"确定"按钮，在导航窗格中会显示"学生信息"表，如图 3-12 所示。此时完成数据表结构的设计过程，数据表中没有任何记录，为一个空表。

图 3-11 "另存为"对话框

图 3-12 在表对象下显示所建的表信息

如果一个表没有定义主键，则在保存表时，Access 会弹出一个消息框，询问是否创建主键，如图 3-13 所示。选择"否"，表示不创建主键；选择"是"，Access 会自动创建一个自动编号类型的字段并添加到表的第一列，作为该表的主键。

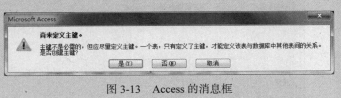

图 3-13 Access 的消息框

3.1.3 表中数据的输入

1. 数据表视图的打开

表结构设计完以后，将生成一个没有记录的空白数据表，要想输入数据，需要打开表的数据表视图。

打开数据表视图有以下几种方法。

（1）在 Access 工作界面中，双击导航窗格中的某个表对象，打开相应的数据表视图。

（2）在导航窗格中，右键单击某个表对象，从快捷菜单中选择"打开"命令。

（3）在表设计视图下，单击功能区"开始"选项卡下"视图"组中的"视图"按钮。

（4）单击 Access 窗口状态栏右下角的"数据表视图"按钮 田，从表设计视图切换到数据表视图。

在导航窗格中，双击"学生信息"表对象，打开"学生信息"表的数据表视图。如图 3-14 所示。此时可以向表中输入记录。

图 3-14 "学生信息"表的数据表视图

向数据表输入的数据必须与字段的类型匹配，如果在"日期/时间"型字段中输入的不是日期/时间型数据，则在焦点离开该字段时就会显示如图 3-15 所示的消息框，若不纠正就不能继续输入。

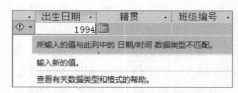

图 3-15 数据类型不一致时的提示信息

2. OLE 对象数据类型字段的输入方法

OLE 对象字段用来存储图片、视频文件、声音、Word 文档或 Excel 文档等。

OLE 对象类型字段数据的输入步骤如下。

（1）右键单击该字段打开快捷菜单，单击"插入对象"命令，弹出 Microsoft Access（插入对象）对话框。

（2）选择"由文件创建"单选按钮，单击"浏览"按钮，选择一个已存储的文件对象，如图 3-16 所示，单击"确定"按钮，即可将选中的对象插入字段中。若"链接"复选框被选定，则插入对象为"链接"对象，否则为"嵌入"对象。

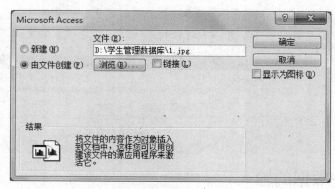

图 3-16 选择插入的对象

（3）查看 OLE 对象的方法：在数据表视图下，双击 OLE 对象所在的单元格，即可显示该对象。

（4）若要插入另一个图片，则需要把原来的删除。删除 OLE 对象的方法是：单击 OLE 对象单元格，选择"记录"组中的"删除"按钮删除。

3. "查阅向导"数据类型字段的输入方法

查阅向导是系统为用户所提供的一种帮助向导。利用查阅向导，用户可以方便地把字段定义为一个组合框，并定义列表框中的选项，这样便于统一地向数据表中添加数据。

具有"查阅向导"数据类型的字段建立了一个字段内容列表，并在列表中选择所列内容作为添入字段的内容。使用查阅向导可以显示两种列表中的字段。

（1）从已有的表或查询中查阅数据列表，表或查询的所有更新都将反映在列表中；

（2）存储了一组不可更改的固定值的列表。

例 3-4　在"学生信息"表中，将"性别"字段类型设置为"查阅向导"。

操作步骤：

（1）在"学生管理系统"中，右键单击导航窗格中的"学生信息"表，选择快捷菜单中的"设计视图"命令，打开"学生信息"表的"设计视图"。

（2）单击"性别"字段的"数据类型"文本框，从下拉列表中选择"查阅向导……"，这时系统会弹出如图 3-17 所示的"查阅向导"对话框。在对话框中选择"自行键入所需的值"选项。

（3）单击"下一步"按钮，在弹出的对话框中设置查阅字段中显示的值，如图 3-18 所示。

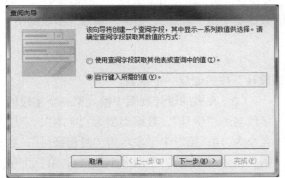

图 3-17　"查阅向导"对话框

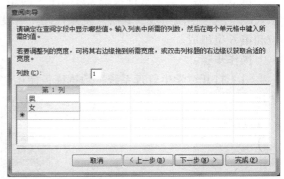

图 3-18　设置查阅字段中显示的值

（4）单击"下一步"按钮，在弹出的对话框中为查阅字段指定标签，如图 3-19 所示。单击"完成"按钮结束创建工作。

（5）单击　"保存"按钮，保存对表结构的修改。

单击功能区"表格工具"选项卡下"视图"组中的"视图"按钮，切换到"数据表视图"，单击记录中"性别"字段文本框，可以看到"性别"字段的右边多了一个下拉箭头，单击下拉箭头可以选择相应的值。如图 3-20 所示。

在使用"查阅向导"创建固定值列表时，Access 将基于查阅向导中所做的选择来设置某些字段属性。值列表与"查阅"列表相类似，但是它是由创建值列表时所输入的一组固定值的集合所组成。值列表只应用于不经常更改，也不需要保存在表中的值。从值列表中选择相应的值，将会保存到记录中，它不会创建一个到相关表的关系。所以在值列表中更改了任何的原始列表值后，它们将不会反映在更改之前添加的记录中。

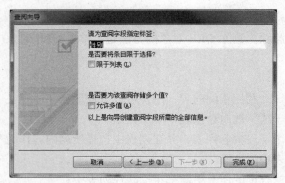

图 3-19　为查阅字段指定标签对话框　　　　图 3-20　"查阅向导"字段类型的输入方法

4. 自动编号数据类型字段的输入方法

自动编号类型字段的值由系统自动生成，不能更改。若删除表中的最后一条记录前的某条记录后，其后面记录的自动编号值不会更新。

5. 计算数据类型字段的输入方法

计算字段类型的值由系统根据计算表达式自动生成，用户不能更改。若修改了计算表达式，则计算字段的值会自动更新；若修改了表达式中引用的字段的值，则计算字段的值也会自动更新。

在"计算"类型字段中，可以建立一个表达式来存储计算数据，计算结果是只读的，若要在表达式中引用其他字段，则这些字段必须与计算字段在同一个表中。

例 3-5　在"学生管理系统"数据库中创建 "身份证"表，该表由"学号"、"身份证号"、"院系代码"三个字段组成，其中"院系代码"字段的数据类型是"计算"，是由"学号"字段的第 5 位和第 6 位组成。

操作步骤：

（1）打开"学生管理系统"数据库，使用"表设计"按钮创建一个新表。

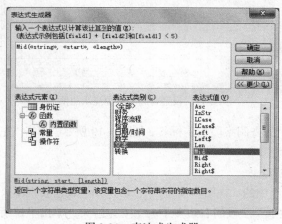

图 3-21　表达式生成器

（2）在表的设计视图中输入第一个字段的字段名为"学号"，数据类型为"文本"，字段大小为 10；第二个字段名为"身份证号"，数据类型为"文本"，字段大小为 18；第三个字段名为"院系代码"，数据类型选择"计算"。

（3）当数据类型选择"计算"后，弹出"表达式生成器"窗口，单击"表达式元素"中的"函数"前的"+"，展开函数项，选择"内置函数"；在"表达式类别"中选择"文本"；双击"表达式值"中的"Mid"，表达式生成器窗口会显示 Mid 函数的格式，如图 3-21 所示。

（4）修改函数的相应参数，如图 3-22 所示。

（5）单击"确定"按钮，返回"设计视图"。单击"保存"按钮，表名称为"身份证"。设计结果如图 3-23 所示。

（6）切换到该表的"数据表视图"，输入记录。当输入完"学号"字段的值键入回车键时，"院系代码"字段的文本框中已经有了值，它的值是通过计算得到的。图 3-24 为输入 10 条记录的结果。

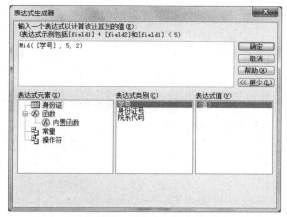

图 3-22　"表达式生成器"窗口中构建的表达式

图 3-23　计算字段"院系代码"的设置

6. "附件"数据类型字段的输入方法

使用"附件"类型字段时，可以将图像、电子表格文件、文档、图表和其他类型的支持文件附加到数据库的记录中，类似于将文件附加到电子邮件中。一个"附件"型字段中可以附加多个文件。"附件"字段和"OLE 对象"字段相比，具有更大的灵活性，而且可以更高效地使用存储空间。

添加附件时，对于某些文件类型，如.bmp、.wmf、.emf、.tif、.ico 等，Access 会对其进行压缩；对于某些可能导致安全风险的文件类型，如.com、.exe、.bat 等，则会禁止附加到记录中。

（1）附件的添加

如果某一个字段的数据类型设置为"附件"，它的标题显示为@，附件的单元格中显示为@(0)，表示没有添加任何附件。双击要添加附件的附件单元格，打开"附件"对话框，如图 3-25 所示，单击"添加"按钮，可以添加一个或多个附件，添加完毕后单击"确定"按钮，关闭对话框。

图 3-24　计算字段"院系代码"的数据表视图

图 3-25　添加附件

在数据表视图中可以看到，添加了一个附件后，附件单元格会显示@(1)，表示添加了一个附件。

（2）附件的查看

若要查看附件的内容，可以双击附件单元格，打开如图 3-25 所示的附件对话框，选择一个附件，单击"打开"按钮，即可显示附件内容。

7. "超链接"数据类型字段的输入方法

直接在单元格中输入超链接文本，或者右键单击输入单元格，从快捷菜单中选择"超链接"

下的"编辑超链接"命令，打开"插入超链接"对话框，输入地址和需要显示的文字。

8. "是/否"数据类型字段的输入方法

是否型字段类型默认显示一个复选框，可用鼠标单击来选择或消除。选中复选框表示输入"是" ☑️，没有选中表示输入"否" ☐。

9. "备注"数据类型字段的输入方法

对于较长的文本字段输入、备注类型字段的输入，可以展开字段以便对其进行编辑。展开字段的方法是：打开数据表，单击要输入的字段，按下 Shift+F2 组合键，弹出"缩放"对话框，如图 3-26 所示。

图 3-26 "缩放"对话框

10. "日期/时间"数据类型字段的输入方法

主要有以下两种输入方法。

（1）直接输入。鼠标单击要输入日期的字段，输入数据。年、月、日之间用"-"或"/"分隔即可。如果日期后面带有时间，则日期和时间之间要用空格分隔，例如，"1996-12-1 10:30"。

（2）选择输入。当鼠标单击要输入日期的字段，在单元格的右边会出现一个"日历表" 🗓️，单击"日历表"，选择需要的日期即可。

11. 其他类型的字段的输入方法

直接在单元格中输入数据即可。

按上述方法将数据输入到"学生信息"中，"学生信息"表的数据表视图如图 3-27 所示。

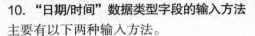

学号	姓名	性别	出生日期	班级编号	籍贯	政治面貌	入学分数	简历	照片
2012010101	李雷	男	1994年10月12日	120101	吉林	党员	560	喜爱运动、摄影	itmap Image
2012010102	刘刚	男	1993年6月7日	120101	辽宁	团员	576		
2012010103	王小美	女	1995年5月21日	120101	河北	党员	550		
2012010201	张悦	男	1993年12月22日	120102	湖北	团员	601		
2012010202	王永林	女	1995年1月2日	120102	湖南	党员	580		
2012020101	张可可	女	1994年9月3日	120201	湖南	团员	595		
2012020201	林立	男	1992年3月5日	120201	河南	党员	610		
2012020202	王岩	男	1993年10月3日	120201	河南	团员	597		
2012030101	张明	女	1992年5月30日	120301	广东	无党派	600		
2012030102	李佳宇	女	1994年11月12日	120302	江苏	无党派	569		
							0		

记录：Ⅰ◀ 第1项(共10项) ▶ Ⅰ 🔍 无筛选器 搜索

图 3-27 "学生信息"表记录

3.1.4 字段属性的设置

在定义字段的过程中，除了定义字段名称及字段的类型外，还需要对每一个字段进行属性说明。在表的设计视图中，只要将鼠标定位于字段区域的一个字段中（光标在该字段的哪一列中都可），或用鼠标选定整个字段行，设计视图下方的"常规"和"查阅"两个选项卡中显示的就是该字段当前的全部属性情况。对字段的属性设置或修改也是在这两个选项中进 行的。

1. 字段大小

使用"字段大小"属性可以设置文本、数字和自动编号类型的字段中可保存数据的最大容量。

（1）文本类型的数据：可设置 0～255 的一个数字作为其字段长度的最大值，默认值是 255。

（2）数字类型的数据：其"字段大小"属性的设置可按表 3-4 中的说明进行匹配。

表 3-4　　　　　　　　　　　　　　　　数字型字段大小的属性值取值

字段大小	输入的数字范围	小数位数	存储空间
字节	$0 \sim 255$	无	1 字节
整数	$-32768 \sim 32767$	无	2 字节
长整型	$-2^{31} \sim 2^{31}-1$	无	4 字节
单精度	$-3.4 \times 10^{38} \sim 3.4 \times 10^{38}$	7	4 字节
双精度	$-1.797 \times 10^{308} \sim 1.797 \times 10^{308}$	15	8 字节
小数	$-10^{28}-1 \sim 10^{28}-1$	28	12 字节
同步复制 ID	长整型或双精度型	N/A	16 字节

（3）"自动编号"型字段，在数据表中每添加一条记录，Access 都会自动给该字段设定一个唯一的连续递增的数值（初值为 1，递增量为 1），或随机数值。

　　① 在设置一个字段的"字段大小"属性时，并不是设置的越大越好，应坚持"够用即可"原则，较小的数据处理的速度更快，需要的内存空间更少。
　　② 如果在一个已包含数据的字段中，将"字段大小"的值由大变为小时，可能会产生丢失数据现象。
　　③ 如果数字类型数据字段中的数据大小不适合新的字段大小设置，小数位数可能被四舍五入，或得到一个 NULL（空）值。例如，如果将单精度数据类型变为整形，则小数位数将四舍五入为最接近的整数，如果值大于 32767 或小于-32768 都将成为空字段。
　　④ 在表设计视图中，保存对"字段大小"属性的更改之后，无法撤销由更改该属性所产生的数据更改。

2. 格式

"格式"属性可以指定字段数据的显示格式。格式设置对输入数据本身没有影响，只是改变数据输出的样式。

格式有预定义格式和自定义格式两种类型。预定义格式设置方法比较简单，只要从下拉列表中选取即可；自定义格式的设置方法比较麻烦，适合于熟练用户对某些特殊要求的字段数据进行细致的格式设置。

Access 提供的数据类型中，自动编号、数字、货币、日期/时间、是/否 5 种数据既可以进行预定义格式设置，又可以进行自定义格式设置；文本、备注、超链接 3 种数据类型只可以进行自定义格式设置；OLE 对象、附件没有"格式"属性。

（1）自动编号、数字、货币数据类型的预定义格式选项如图 3-28 所示。

（2）日期/时间数据类型的预定义格式如图 3-29 所示。

（3）是/否数据类型的预定义格式选项如图 3-30 所示。

常规 查阅		
字段大小	整型	
格式		▼
小数位数	常规数字	3456.789
输入掩码	货币	¥3,456.79
标题	欧元	€3,456.79
默认值	固定	3456.79
有效性规则	标准	3,456.79
有效性文本	百分比	123.00%
必需	科学记数	3.46E+03

图 3-28　数据类型的格式

3. 输入掩码

输入掩码是输入数据时必须遵守的标点、空格或其他格式要求，用以限制数据输入的样式，屏蔽非法输入。该属性对文本、数字、日期/时间和货币类型的字段有效。

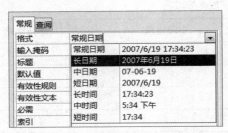

图 3-29　日期/时间数据类型的格式　　　　　图 3-30　"是/否"数据类型的格式

在设置输入掩码属性时，可以使用输入掩码向导，也可以直接输入掩码格式符进行设置。

（1）使用输入掩码向导

对于"日期/时间"型字段和"文本"型字段，可以使用输入掩码向导来进行详细的设置。

例 3-6　在"学生管理系统"数据库中，设置"学生信息"表中"出生日期"字段输入掩码属性为长日期。

操作步骤：

① 在"学生管理系统"数据库中，打开"学生信息"表的设计视图。

② 选择"出生日期"字段，单击属性区的"输入掩码"属性框右侧"生成器"按钮，弹出"输入掩码向导"对话框，在该对话框的"输入掩码"列表框中选择"长日期"。如图 3-31 所示。

③ 单击"下一步"按钮，打开向导的第二个对话框。在该对话框中可以确定输入掩码的方式和占位符、尝试体验输入掩码。占位符是指未输入数据时该位所显示的符号，在输入数据后占位符被输入的数据替换，如图 3-32 所示。

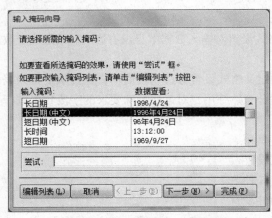

图 3-31　"输入掩码向导"对话框

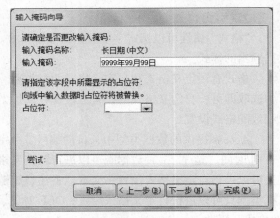

图 3-32　"输入掩码"的格式和占位符

④ 单击"下一步"按钮，在打开的下一个对话框中，单击"完成"按钮回到设计视图。即可看到向导生成的"出生日期"字段的输入掩码格式："9999\年 99\月 99\日;0;_"。

⑤ 单击"保存"按钮。

（2）直接输入掩码的格式符

直接设置输入掩码的格式是在文本框中直接输入一串格式符，用来规定输入数据时具体的格式，可以使用的输入掩码格式符及其含义如表 3-5 所示。

表 3-5 常用的输入掩码定义字符及其含义

掩码字符	含义
0	必须输入一个数字
9	可以输入一个数字或空格（可选）
#	可以输入数字、空格、加号、减号，不输入任何字符的位置自动转换为空格
L	必须输入一个字母
?	可以输入一个字母（可选）
A	必须输入一个字母或数字
a	可以输入一个字母或数字（可选）
&	必须输入一个字符或空格
C	可以输入一个字符或空格（可选）
<	将其后的所有字符都转换为小写
>	将其后的所有字符都转换为大写
. , : ; – /	十进制占位符和千位、日期和时间分隔符
密码	将输入的字符显示为星号（*）

输入掩码格式符示例如表 3-6 所示。

表 3-6 输入掩码格式示例

输入掩码定义	允许值示例
0000-00000000	0371-63593333
999-99999	312–23654，56–80386
#9999	–4000，86486
>L??L?00L0	CHINA10A8
L000	A307，B508
0000/99/99	2014/10/25
0000\年 99\月 99\日	2014 年 10 月 25 日
"0371-"00000000	0371-63519185

格式与输入掩码不同，格式控制数据在显示或打印时的样式，即系统会自动将用户输入的数据形式转换为指定的格式；输入掩码控制数据的输入样式，即用户必须按照输入掩码定义的格式输入数据，如果格式不符，系统会拒绝接受。

4. 有效性规则和有效性文本

"有效性规则"属性是对输入到记录中字段的数据进行的约束。当系统发现输入的数据违反了有效性规则的设置时，可以通过定义"有效性文本"属性，提示用户操作错误。

有效性规则可以包含表达式、返回单个值的函数。在创建有效性规则时，主要使用表达式来测试数据。

有效性规则与有效性文本这两个属性通常一起使用。

例 3-7 设置"学生信息"表中"性别"字段只能输入"男"或"女"；若输入其他数据时，

提示用户："性别的取值只能是'男'或'女'!"。

操作步骤：

（1）打开"学生信息"表的"设计视图"，单击"性别"字段。

（2）设置"性别"字段的有效性规则属性为："男" Or "女"。

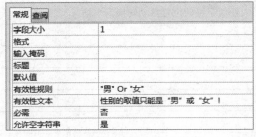

图 3-33 "性别"属性的设置

（3）设置"性别"字段的有效性文本属性为："性别的取值只能是"男"或"女"!"。

（4）设置结果如图 3-33 所示。

（5）单击功能区"表格工具"选项卡下"视图"组中的"视图"按钮，切换到的"数据表视图"。

添加一条新记录来检验一下"有效性规则"和"有效性文本"的设置。在输入"性别"字段时，输入除了"男"、"女"外的其他任意的汉字，回车后，会出现一个消息框，消息框中显示的内容是设置的"有效性文本"属性值。如图 3-34 所示。

图 3-34 检验有效性规则和有效性文本

例 3-8 设置"学生信息"表中"入学分数"字段的值须在[500,1000]。若输入的数据不符合要求，则提示用户："入学分数必须在 500～1000 之间!"。

操作步骤：

（1）打开"学生信息"表的"设计视图"，单击"入学分数"字段。

（2）设置"入学分数"字段的有效性规则属性为：Between 500 And 1000 或者输入：>=500 And <=1000。

（3）设置"入学分数"字段的有效性文本属性为："入学分数必须在 500～1000 之间!"。

（4）设置结果如图 3-35 所示。

图 3-35 "入学分数"有效性规则设置

例 3-9　在"学生信息"表中，设置"出生日期"字段的数据须在 1995 年前；若输入数据不符合要求，则提示用户："出生日期的年份应该在 1995 年前！"。

操作步骤：

（1）打开"学生信息"表的"设计视图"，单击"出生日期"字段。

（2）设置"出生日期"字段的"有效性规则"属性框：Year([出生日期])<=1995。

（3）设置"出生日期"字段的"有效性文本"属性为："出生日期的年份应该在 1995 年前！"。

（4）设置结果如图 3-36 所示。

常规 查阅	
格式	长日期
输入掩码	
标题	
默认值	
有效性规则	Year([出生日期])<=1995
有效性文本	出生日期的年份应该在1995年前!
必需	否
索引	无

图 3-36　"出生日期"的有效性规则设置

5.　标题

为字段设置"标题"属性后，该标题作为数据表视图、窗体、报表等界面中各列的名称。如果没有为字段指定标题，则 Access 默认用字段名作为各列的标题。例如设置"学生信息"表中的"姓名"字段的标题属性为"学生姓名"。

6.　默认值

为一个字段设置默认值后，在添加新记录时 Access 将自动为该字段填入默认值。通常在表中某字段数据内容相同或含有相同部分时使用，可以简化操作，提高输入速度。

7.　必需

该属性有"是"和"否"两取值，默认为"否"。取值为"是"，表示该字段必需输入值，不允许为空；取值为"否"，表示该字段可以不输入值。

8.　允许空字符串

对于文本、备注等字段，Access 能检测字段值是不是空字符串，"允许空字符串"属性框中有"是"和"否"两个选项，默认为"是"。

在 Access 数据库中，空字符串和空值（Null）的区别，空字符串是长度为零的字符串，即双引号中不含任何字符，在字段中输入空字符串表示该字段有值，而输入 Null 表示该字段无值。

9.　文本格式

在"备注"型字段中可以存储带格式的文本，该属性默认为"纯文本"。

10.　输入法模式

输入法模式属性一般在文件、备注和日期/时间型字段中设置。

"输入法模式"属性框中包含"开启"和"关闭"等多项选择。默认值为"开启"，表示打开中文输入法。在此状态下，编辑数据时，当焦点一移到该字段，就会自动显示某种中文输入法状态条，以便直接输入中文。如果某字段总是输入英文或数字，应该设定"关闭"选项。

在表设计视图中设置的字段属性，在输入或编辑数据时才能显示其效果。

例 3-10　为"学生信息"表设置属性，要求如下。

（1）将"学号"字段的标题属性设置为"学生编号"。

（2）将"性别"的"默认值"属性设置为"女"。

（3）将"学号"、"姓名"、"性别"、"出生日期"字段的"必需"属性设置为"是"。

（4）添加一个"电话号码"字段，将电话号码字段的"输入掩码"属性设置为"0371—_____"的形式，8位号码为0～9的数字显示。

操作步骤：

（1）打开"学生管理系统"数据库，在导航窗格是右键单击"学生信息"表对象，从快捷菜单中选择"设计视图"命令，打开"学生信息"表的设计视图。

（2）将光标移到"学号"单元格中，在字段属性区域的"标题"属性框中输入"学生编号"。

（3）选中"性别"字段，在"默认值"属性框中输入"女"。

（4）选中"学号"，将它的"必需"属性设置为"是"，同样的方法设置"姓名"、"性别"、"出生日期"字段的"必需"属性为"是"。

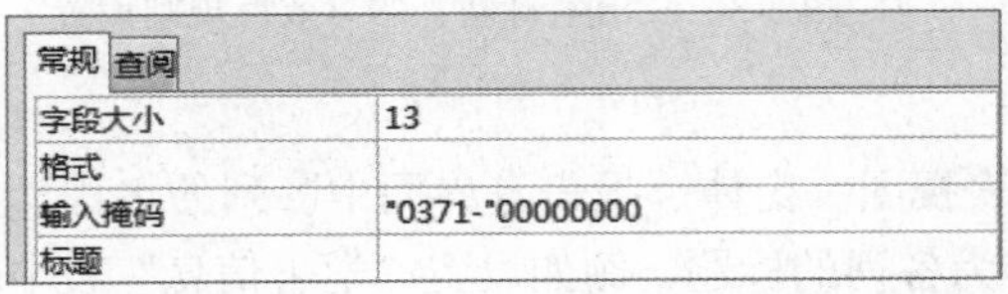

常规	查阅
字段大小	13
格式	
输入掩码	"0371-"00000000
标题	

图3-37 设置"电话号码"的"输入掩码"属性

（5）添加"电话号码"字段，数据类型为"文本"，修改"常规"选项卡下的"字段大小"的值为13，并将"输入掩码"属性设置为"0371-"00000000，设置结果如图3-37所示。

3.2 主键和索引

在数据库中通常要建立若干表，这些表之间常常存在着联系。在Access数据库中需要把有联系的表之间建立起关联关系，表中数据才能更有效地利用，表间关系的创建通常是通过"主键"和"外键"联系的。

3.2.1 主键

1. 主键的含义

主键值能唯一标识表中的每个记录，所以主键必须是唯一索引，且不允许存在Null值。在编辑数据时，主键字段既不能重复也不能为空。

2. 主键的基本类型

（1）自动编号主键：当向表中添加一条新记录时，主键字段值自动加1。

将自动编号字段指定为表的主键是创建主键的最简单的方法。如果在保持新建的表之前没有设置主键，此时Access将询问是否创建主键；如果选择"是"，将创建自动编号主键。

（2）单字段主键：如果字段中包含的都是唯一的值，例如"学号"，则可以将字段指定为主键。如果选择的字段有重复值和空值，Access将不会设置主键。

（3）多字段主键：在不能保证任何单字段都包含唯一值时，可以将两个或更多的字段组合设置为主键。

3. 定义和删除主键

（1）定义主键

在设计视图中打开相应的表，选择所要定义为主键的一个或多个字段，单击"工具"组中的"主键"按钮🔑。单字段主键的效果如图3-38所示，多字段主键效果如图3-39所示。

（2）删除主键

选定要删除的主键字段，单击"工具"组中的"主键"按钮。

图 3-38　一个字段的主键 　　　　　　图 3-39　两个字段的主键

3.2.2　索引

表中记录的顺序是由数据输入的前后顺序决定的。为了能够快速查到指定的记录，通常需要建立索引加快查询的排序速度。建立索引就是要指定一个字段或多个字段，按字段的值将记录按升序或降序排列，再按这些字段的值来检索。

索引字段可以是文本、数字、货币、日期/时间类型，主键字段会自动建立索引，附件字段、计算字段和 OLE 对象字段不能建立索引。

1. 建立单个字段索引

单字段的索引可以通过设置字段的"索引"属性来建立，在"索引"列表里包括三个选项：

无：表示未建立索引，这是默认的选项；

有（重复）：表示普通索引，该索引允许有重复值；

有（无重复）：表示唯一索引，该索引不允许有重复值。

例 3-11　在"学生信息"表的"性别"字段上建立索引。

操作步骤：

（1）打开"学生信息"表的设计视图，选中"性别"字段。

（2）在"索引"属性列表中选择"有（有重复）"选项，如图 3-40 所示。

（3）单击"保存"按钮，保存修改后的"学生信息"表对象。

图 3-40　为"性别"建立索引

2. 建立多字段的索引

多字段索引是指为多个字段联合创建索引。若要在索引查找时区分字段值相同的记录，必须创建包含多个字段索引。多个字段索引是先按第一个索引字段排序，对于字段值在相同的记录再按第二个字段排序，依此类推。

多字段的索引可以在"索引"对话框中建立。

例 3-12　在"学生成绩"表中，设置"学号"字段、"学期"字段和"成绩"字段的多字段索引。

操作步骤：

（1）打开"学生信息"表设计视图，单击功能区"表格工具/设计"选项卡下"显示/隐藏"组中的"索引"命令，打开"索引"对话框。

（2）在"索引名称"单元格中输入组合索引的名称"学号学期成绩"，在"字段名称"单元格中依次选择"学号"、"学期"和"成绩"三个字段，"排序次序"分别为"升序"、"升序"和"降序"。如图 3-41 所示。

（3）保存修改后的"学生成绩"表对象。

（4）切换到"数据表视图"查看建立索引后的记录排序结果。如图 3-42 所示。

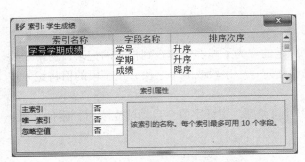

图 3-41 "索引"对话框　　　　　　　图 3-42　多字段"索引"排序结果

使用组合索引时，Access 首先按索引项中的第 1 个字段进行排序。如果有相同的值，再按索引项中的第 2 个字段排序，其余类推。例如，在"学号学期成绩"组合索引中，先按"学号"升序排序，对学号相同的记录再按"学期"升序排序，"学期"相同的记录再按"成绩"的降序排序。

索引有助于提高查询的速度，但是对数据表进行添加、删除等更新操作时，都必须更新索引。所以索引越多，数据库更新的频率越高。当数据量较大时，反而会降低数据更新的效率。

3.3　建立表间关联关系

3.3.1　建立表间关系

在数据库中通常要建立若干个表，这些表之间常常存在着联系。在 Access 数据库中需要把有联系的表之间建立起关联关系，表中数据才能更有效地利用。

在 Access 数据库中，两个表之间可以通过公共字段或语义相同的字段建立关系，以便同时查询多个表中的相关数据。

当创建表之间的关系时，连接字段不一定有相同名称，但数据类型必须相同。连接字段在一个表中通常是主键或主索引，同时作为外键存在于关联表中。

连接字段在两个表中若均为主键或唯一索引，则两个表之间就是一对一关系；连接字段只在一个表中为主索引或唯一索引，则两个表之间就是一对多关系。关系中处于"一"方的表称为主表或父表，另一方的表称为子表。

在"关系"窗口中可以创建关系。

例 3-13　在"学生管理系统"数据库中，为"学生信息"、"身份证"和"学生成绩"三个表建立关系。

操作步骤：

（1）打开"学生管理系统"数据库，在"学生信息"表、"身份证"表中，以"学号"字段建立主键。

（2）单击功能区"数据库工具"选项卡下"关系"组的"关系"命令 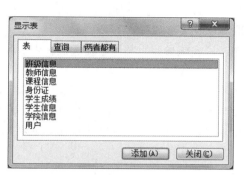 ，出现如图 3-43 所示的"显示表"对话框。

（3）将"学生信息"表、"身份证"和"学生成绩"表添加到"关系"窗口中，然后关闭"显示表"对话框。关系窗口效果如图 3-44 所示。

图 3-43　"显示表"对话框

图 3-44　"关系"窗口

（4）在"关系"窗口中，将"学生信息"表的主键"学号"字段拖到"身份证"表的"学号"字段上，此时会出现如图 3-45 所示的"编辑关系"对话框。

在"编辑关系"对话框中，可以看到"学生信息"为主表，"身份证"为子表，两个表的"学号"为连接字段，在"关系类型"栏中显示关系的类型为"一对一"。如果关系类型显示"未定"，则表示关系无效，这可能是因为连接字段不对，或者主表没有建立主索引或唯一索引。

（5）单击"创建"按钮，完成创建过程。在关系窗口中可以看到，"学生信息"和"身份证"两个表之间出现一条关系的连线。

（6）按同样的方法，建立"学生信息"表和"学生成绩"表间的关系。"学生信息"表和"学生成绩"表之间建立的是一对多的关系。如图 3-46 所示。

（7）关闭"关系"窗口，保存对"关系"布局的更改。

图 3-45　"编辑关系"对话框

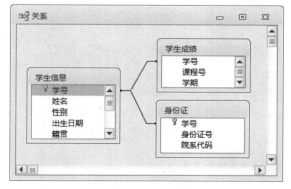

图 3-46　在"关系"窗口中创建表之间的关系

3.3.2　实施参照完整性

在"编辑关系"对话框中，选中"实施参照完整性"选项，可以设置两个表之间的参照引用规则，当删除或更新表中的数据时，系统会通过参照引用关联的另一个表中的数据约束对当前表的操作，以确保相关表中数据的一致性。

1. 实施参照完整性的条件

（1）两表必须关联，而且主表的关联字段是主键，或具有唯一索引。

（2）子表中任一关联字段值在主表关联字段值中必须存在。

2. 参照完整性的规则与其实施

参照完整性规则包括更新规则、删除规则和插入规则三组规则。具体实施时包括三个方面，即"实施参照完整性"、"级联更新相关字段"和"级联删除相关字段"。

（1）实施参照完整性。在"编辑关系"对话框中单击"实施参照完整性"复选框，表示两个关联之间建立了实施参照完整性规则。

（2）当两个表间建立参照完整性规则后，在主表中不允许更改与子表相关的记录的关联字段值；在子表中，不允许在关联字段中输入主表关联字段不存在的值，但允许输入 Null 值；不允许在主表中删除与子表记录相关的记录；在子表中插入记录时，不允许在关联字段中输入主表关联字段中不存在的值，但可以输入 Null 值。

例 3-14　对例 3-14 中建立的两个关系实施参照完整性。

操作步骤：

（1）单击功能区"数据库工具"选项卡下的"关系"组中的"关系"命令，打开关系窗口。

（2）双击"学生信息"表和"学生成绩"表之间的关系连线，打开"编辑关系"对话框，选中"实施参照完整性"选项，如图 3-47 所示，单击"确定"按钮。

在"关系"窗口中，关系线上对应"一"方（主表）的位置显示一个"1"标记，对应"多方"（子表）的位置显示一个"∞"标记。

（3）按同样的方法，对"学生信息"表和"身份证"表之间的关系实施参照完整性。结果如图 3-48 所示。

3. 级联更新相关字段

当关联表间实施参照完整性并级联更新时，若更改主表中关联字段值时，则子表所有相关记录的关联字段值会随之更新。但在子表中，不允许在关联字段输入除 Null 值以外的主表关联字段中不存在的值。

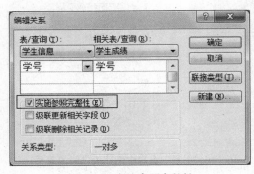

图 3-47　实施参照完整性

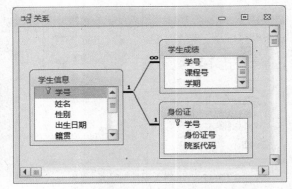

图 3-48　选择"实施参照完整性"后表间关系

4. 级联删除相关字段

当关联表间实施参照完整性并级联删除时，若删除主表中的记录，子表中的所有相关记录会随之删除。

例如，在"学生信息"表和"学生成绩"表之间实施参照完整性，如果在"学生成绩"表中输入一个"学生信息"表中不存在的学生的成绩记录时，会出现图 3-49 所示的消息框，提示输入错误。

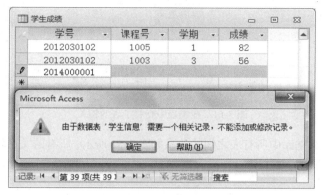

图 3-49　输入子表记录时违反参照完整性规则

如果在"学生信息"表和"学生成绩"表之间实施参照完整性而未建立级联更新（删除），在"学生信息"表中，如果修改某一条记录的学号或删除某一条记录时（如修改张明的学号或删除张明的记录），则会出现图 3-50 所示的消息框，不允许执行修改或删除操作。

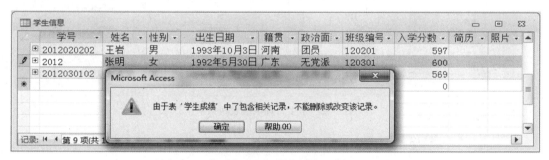

图 3-50　修改主表记录时违反参照完整性规则

如果关联表间不实施参照完整性，这时对主表或子表的更新、删除和插入不受限制。

3.3.3　删除或修改表间关系

1. 修改关系

在"关系"窗口中，双击要编辑的关系线，打开图 3-47 所示的"编辑关系"对话框，重新设置关系选项。

2. 删除关系

在"关系"窗口中，单击关系线（关系线变粗，表示被选中），然后按 Delete 键即可。

3.3.4　在主表中查看子表记录

两个表建立关系后，在主表的每行记录前面出现一个"＋"号，单击"＋"，可以展开一个子窗口，显示子表中的相关记录；单击"－"号，可折叠子窗口。如图 3-51 所示，在"学生信息"

表中可以查看每个学生的成绩记录。

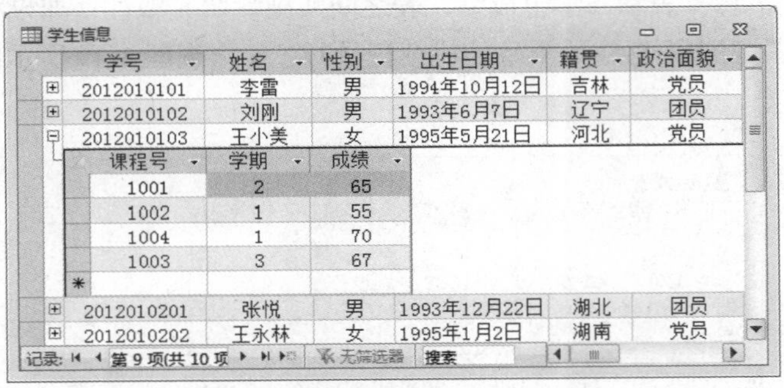

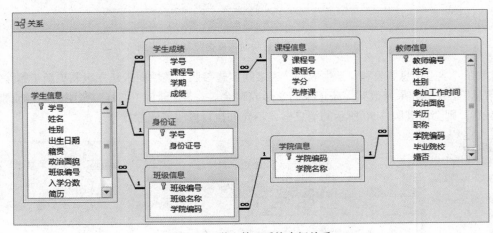

图 3-51　在主表中查看子表的相关

"学生管理系统"数据库中所有表之间的关系如图 3-52 所示，所有的关系均实施了参照完整性。

图 3-52　学生管理系统表间关系

3.4　记录的查找、替换

3.4.1　记录的查找

在数据库中的某个表中查找或替换数据的方法有很多，不论是查找特定的数值、一条记录还是一组记录，可以使用的方法有如下几种。

1. 直接查找

打开表的"数据表视图"，通过上下、左右拖动滚动条，直接在窗口中查找。

2. 使用记录导航仪查找

如果已知记录编号，可在"数据表视图"窗口下方的记录导航仪的编号框中输入记录编号，按回车键即可快速定位于输入的记录编号处。

3. 使用"查找和替换"对话框

使用"查找"对话框，可以查找字段中特定的值。"查找"对话框的使用方法如下。

（1）在表的"数据表视图"下，首先将光标定位于要查找的数据所处的字段内。

（2）单击功能区"开始"选项卡下的"查找"组中的"查找"按钮🔍，将弹出"查找和替换"对话框的"查找"选项卡。

"查找和替换"对话框的属性设置如下。

① "查找范围"选项：可选择当前字段或当前文档。

② "匹配"选项：有"字段任何部分"、"整个字段"和"字段开头"三个选项，默认项是"整个字段"。该选项在查找数据时经常需要改变选择，经常选为"字段任何部分"，也常常使用"字段开头"。

③ "搜索"选项：有"向上"、"向下"和"全部"三种搜索方式，通常使用默认选项"全部"。

④ "区分大小写"复选框：选中则区分大小写，没选中则不区分大小写。

（3）在"查找"选项卡中，设置要查找的内容、查找范围、匹配条件和搜索方向，如图 3-53 所示。如果查找的数据与实际数据不完全匹配，可以使用通配符来代替某些字符，例如输入"王*"，则可查找姓王的记录。

图 3-53 "查找"选项卡

（4）单击"查找下一个"按钮，查找的数据将被选定，再次单击"查找下一个"按钮，可以继续查找。

（5）如果没有找到输入内容（字段内不存在输入的内容），则直接弹出如图 3-54 所示的警示信息。

图 3-54 警示信息对话框

3.4.2 记录的替换

有时需要对表中多处数据进行统一替换修改，可使用"查找和替换"对话框中的"替换"选项卡进行统一替换操作，操作方法如下。

（1）在数据表视图下，单击功能区"开始"选项卡下"查找"组中的"替换"按钮，打开"查找和替换"对话框的"替换"选项卡，也可以在图 3-53 中单击"替换"选项卡标签。

（2）在"替换"选项卡中，先在"查找内容"框中输入要查找的数据，再在"替换为"输入框中输入要替换的数据，最后再设置范围、匹配条件和搜索方向，如图 3-55 所示。

图 3-55 "替换"选项卡

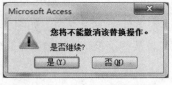

图 3-56 全部替换警示框

（3）单击"查找下一个"按钮，查找到的数据将被选定。若单击"替换"按钮，数据将被替换，然后等待下一次查找或替换；若单击"全部替换"按钮，弹出如图 3-56 所示的警示框中，选择"是"按钮，则将所有查找的数据全部替换。

例 3-15 将"学生信息"表中所有姓名中的"小"都更改为"晓"。

操作步骤：

（1）打开"学生信息"表的数据表视图，单击任一记录的姓名单元格，让插入点在姓名列。

（2）单击功能区"开始"选项卡下的"查找"组中的"替换"按钮，弹出"查找和替换"对话框，在"查找和替换"对话框中输入相关的参数，设置结果如图 3-57 所示。

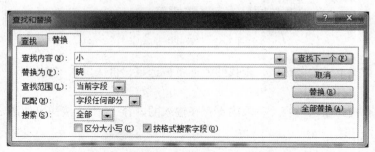

图 3-57 "小"替换为"晓"的对话框

（3）单击"全部替换"按钮，所有姓名中的"小"字被全部替换为"晓"字。

3.5　汇总、排序与筛选

3.5.1　记录汇总

在 Access 中，通过向数据表中添加汇总行，可以对表中的记录进行计数、求和、求平均值等统计操作。

例 3-16 在"学生信息"表中，按"学号"统计学生人数，并计算入学成绩的平均值。

操作步骤：

（1）打开"学生信息"表的数据表视图，单击功能区"开始"选项卡下的"记录"组中的"合计"按钮 **Σ 合计**，在数据表的末尾增加一个汇总行。

（2）在汇总行中单击"学号"单元格，出现一个下拉箭头，单击下拉箭头，打开汇总方式列表，选择"计数"项，如图 3-58 所示。

（3）按同样的方法，在汇总行的"入学分数"单元格中选择"平均值"汇总方式，结果如图 3-59 所示。

（4）保存数据表。若要取消汇总，可以从汇总方式列表中选择"无"；若要隐藏汇总行，可以再次选择"开始"选项卡，单击"记录"组中的"汇总"命令。

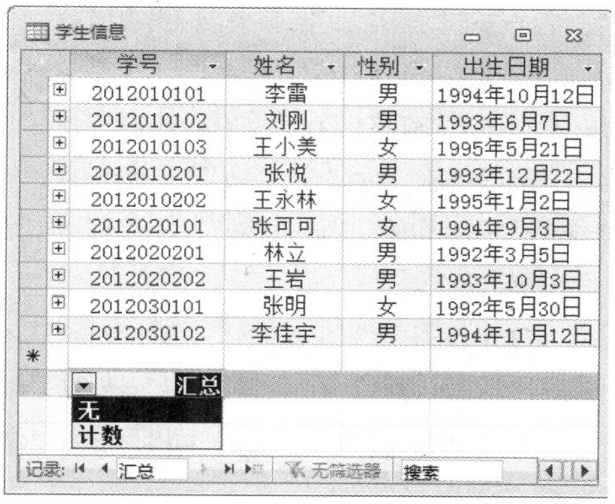

图 3-58　选择汇总方式

图 3-59　汇总结果

3.5.2　记录排序

在默认情况下，表中的记录是按输入的顺序排列的。如果对表定义了主键，则表中的记录会自动按主键排列。如果要按非主键值排列记录，则可以使用 Access 的排序功能。

排序以一个或多个字段为依据，将表中的记录按照一定的逻辑顺序排列，使得具有相同排序字段值的记录可以组织在一起。

1. 简单排序

在表的数据表视图下，将光标定位于要排序的列内，单击功能区"开始"选项卡下"排序和筛选"组中的"升序排序"按钮 **☆↓升序** 或"降序排序"按钮 **☆↓降序**，即可实现按该列重新排序的要求。

例 3-17　对"学生信息"表中的记录按性别排序。

操作步骤：

（1）打开"学生信息"表的数据表视图。将光标定位在"性别"列的任一单元格中。

（2）单击功能区"开始"选项卡下"排序和筛选"组中的"升序"按钮，可将性别按由男到女的顺序排列；单击"降序"按钮，则可将性别按由女到男的顺序排列。

（3）单击功能区"开始"选项卡下"排序和筛选"组中的"取消排序"命令 **☆取消排序**，可以恢复原来的记录顺序。

2. 按多列（多个字段的组合）重新排序

当多个字段排序时，每个字段都按照同样的方式排列（升序或降序），并且从左到右依次为主要排序字段、次要排序字段等。

要排序的列如果不相邻，需要先移动这些列使它们相邻。在数据表视图中改变字段的前后顺序，不会影响它们在表结构中的位置。

例 3-18 对"学生成绩"表排序，要求"学号"相同时，"课程号"由低到高排序。

操作步骤：

（1）打开"学生成绩"表的数据表视图，单击"学号"列的列标题按钮，选中"学号"列，按住列标题拖动鼠标，同时选中"学号"列和"课程号"列。

（2）单击功能区"开始"选项卡下"排序和筛选"组中的"升序"按钮，结果如图 3-60 所示。

图 3-60　按"学号"和"课程号"排序

3. 高级排序

若要对表中不相邻的字段按不同的方式（升序或降序）排序，可以使用高级排序功能。

例 3-19 对"学生成绩"表按"学号"升序排序，再按"课程号"降序排序。

操作步骤：

（1）打开"学生成绩"表的数据表视图，单击功能区"开始"选项卡下"排序和筛选"组中"高级"按钮 高级，在弹出的列表中选择"高级筛选/排序"命令，打开排序设置窗口。

（2）按图 3-61 所示设置，第一个字段选择"学号"，排序方式为"升序"；第二个字段选择"课程号"，排序方式为"降序"。

（3）单击"排序和筛选"组中"切换筛选"命令 切换筛选，结果如图 3-62 所示。

（4）单击"排序和筛选"组中的"取消筛选"命令 取消排序，可以恢复原来的记录顺序。

图 3-61　设置高级排序

图 3-62　高级排序结果

3.5.3　记录的筛选

筛选是根据指定的条件从一个表中找出所有满足条件的记录，而将不满足条件的记录暂时隐藏起来，在筛选的同时还可以对表进行排序。

在表的数据表视图下，"开始"选项卡下的"排序和筛选"组中提供了"选择"筛选、"使用筛选器筛选"、"按窗体筛选"、"高级筛选"等。

1. 基于选定内容的筛选

基于选定内容的筛选就是将当前光标所在位置的内容作为条件进行筛选。

例 3-20　从"学生信息"中筛选出所有性别为"男"的记录。

操作步骤：

（1）打开"学生信息"表的数据表视图，将光标定位在"性别"值为"男"的单元格中。

（2）单击功能区"开始"选项卡下"排序和筛选"组中的"选择"按钮 选择 ，打开选择列表，其中有四个选项，如图 3-63 所示。选择"等于'男'"选项，结果如图 3-64 所示。

图 3-63　"选择"的四个选项

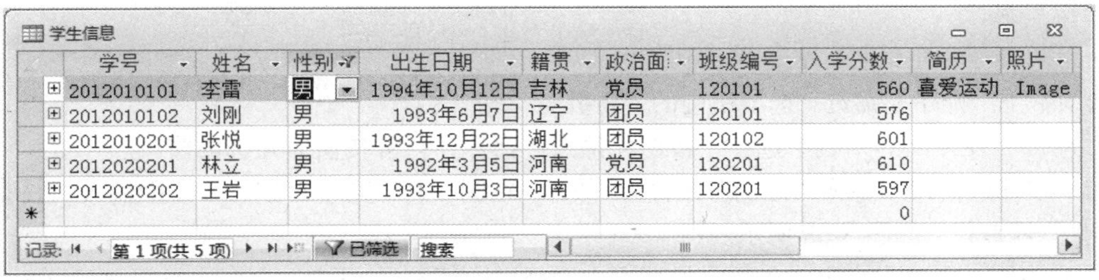

图 3-64　筛选"男"同学的记录

执行"排序和筛选"组中的"切换筛选"命令，可以在应用筛选和取消筛选之间切换；单击"排序和筛选"组中"高级"按钮，在弹出的列表中选择"清除所有筛选器"命令，可以删除筛选设置。

2. 使用筛选器筛选

Access 提供了多种类型的筛选器对数据进行快速筛选。对于"文本"、"备注"和"超链接"类型的字段可以应用"文本筛选器"，对于"日期/时间"型字段可以应用"日期筛选器"，对于"数字"型字段可以应用"数字筛选器"。

例 3-21　从"学生信息"表筛选出"入学成绩"在 550～600 的学生记录。

操作步骤：

（1）打开"学生信息"表，单击"入学成绩"列标题按钮上的下拉箭头，打开筛选列表。

（2）选择"数字筛选器"下拉列表的"期间"命令，打开"数字边界之间"对话框，输入相关参数，如图 3-65 所示。

图 3-65　设置数字范围

（3）单击"确定"按钮，筛选结果如图 3-66 所示。

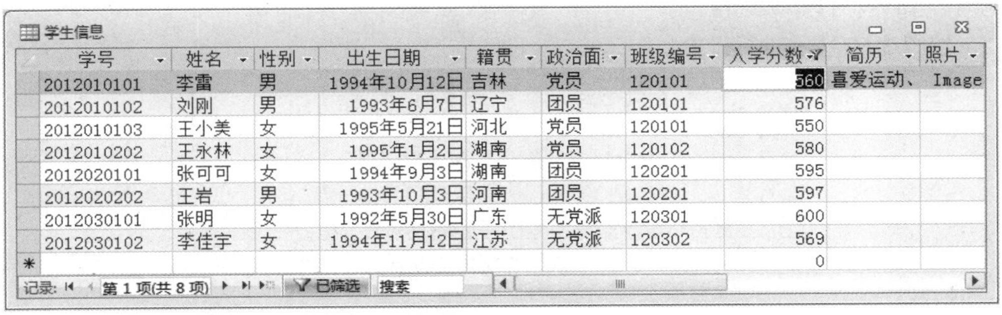

图 3-66　按入学分数范围筛选学生记录

例 3-22　从"学生信息"表筛选出 9 月出生的记录。

操作步骤：

（1）打开"学生信息"表，单击"出生日期"列标题按钮上的下拉箭头，打开筛选列表。

（2）单击"日期筛选器"列表下的"期间的所有日期"列表下的"九月"选项，如图 3-67 所示。

3. 按窗体筛选

如果要一次指定多个筛选条件，可以使用"按窗体筛选"功能。

例 3-23　从"学生信息"表中筛选出 1993 年出生的男生的记录。

操作步骤：

（1）打开"学生信息"表，单击功能区"开始"选项卡下"排序和筛选"选项组中的"高级"

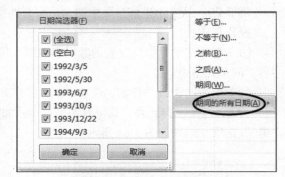

图 3-67　设置日期筛选器

按钮 ，在弹出的列表中选择"按窗体筛选"命令，打开按窗体筛选的窗口。

（2）在筛选窗口中，将"性别"设置为"男"，在同一行"出生日期"字段中输入"Year（[出生日期]）=1993"，如图 3-68 所示。

（3）单击"高级"按钮，在弹出的列表中选择"应用筛选/排序"命令，结果显示 1993 年出生的男生记录。

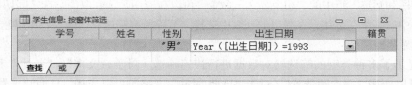

图 3-68　"按窗体筛选"对话框设置筛选条件

4. 高级筛选

应用高级筛选可以完成复杂的筛选，如找出符合多个条件的记录，或者设置表达式作为筛选条件等，还可以对筛选的结果进行排序。

例 3-24　从"学生信息"表中筛选 1992 年到 1994 年出生的"党员"或"团员"的记录，并按出生日期的升序显示。

操作步骤：

（1）打开"学生信息"表的数据表视图，执行"排序和筛选"组中"高级"命令中的"高级筛选/排序"命令，打开筛选窗口。

（2）按图 3-69 所示进行设置。

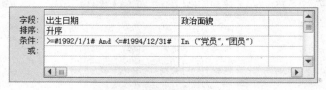

图 3-69　高级筛选设置

（3）单击"切换筛选" 命令即可看到筛选结果。

3.6　表的维护

在数据库的使用过程中，需要经常对数据库进行维护，例如，数据修改、数据增删以及数据表的外观设置等。

3.6.1　修改结构或记录

1. 修改表结构

对于已建立的表，可以在表设计视图中修改表的结构，设置字段的各种属性，进一步完善表的设计。如在表的设计视图中可以添加字段、修改字段、删除字段、改变字段位置、重新设置主键等。

（1）添加字段

将光标置于要插入新字段的位置上，单击功能区"表格工具/设计"选项卡下"工具"组中的"插入行"命令ᢖ-┅插入行，在当前位置处插入一个新的字段行。

（2）修改字段

在表设计视图中，可以直接修改字段的名称和数据类型，对于文本和数字类型的字段，还可以修改字段大小。如果字段中已经存储了数据，则修改字段类型或将字段的长度由大变小后，可能会造成数据的丢失。

（3）删除字段

将单击字段选定器，选中该字段，再按 Delete 键删除。

执行"删除行"命令的时候会弹出如图 3-70 的消息框，如果单击"是"按钮，将永久删除该字段及其所有的数据（数据不可恢复）。

如果删除的字段与其他表建立了关系时，会弹出如图 3-71 所示的消息框，此次删除无效。

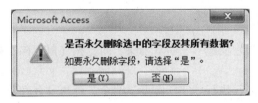

图 3-70　删除字段行时消息框

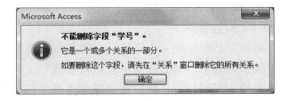

图 3-71　删除带有关系字段行时的消息框

（4）改变字段的位置

单击字段选定器，选中要移动的字段，然后拖动字段选定器将该字段移到新的位置。

此外，在数据表视图中，利用"表格工具/字段"选项卡"添加和删除"组中"删除"命令，可以删除字段，其他命令按钮可以添加指定类型字段。

2. 修改记录

在数据表中输入记录后，还可以根据需要进行修改或删除。

（1）定位记录

使用数据表视图中的记录导航按钮定位并浏览记录，导航按钮位于数据表视图窗口的底端，如图 3-72 所示。

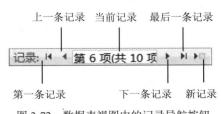

图 3-72　数据表视图中的记录导航按钮

（2）选定记录或数据

记录选定器和字段选定器用于选定特定的数据，具体选定数据的方式见表 3-7。

表 3-7   在数据表中选定范围的方法

选定范围	选定方法
一个记录	单击记录选定器
多个记录	在开始行的记录选定器上按住鼠标左键，拖曳完成所选范围
所有记录	执行"编辑"下拉菜单中的"选择所有记录"命令
一列	单击字段选定器
相邻多列	在开始列的记录选定器上按住鼠标左键，拖曳完成所选范围
单元格中部分数据	在开始处按住鼠标左键，拖曳完成所选范围
单元格中整个数据	鼠标指针移到单元格的左端变为空心加号时单击
相邻单元格数据块	鼠标指针移到单元格左端变为空心加号时，按住左键并拖曳完成所选范围

（3）修改记录

在数据表视图中，将光标移动到要修改数据的相应字段处直接修改即可。

3.6.2　调整表的外观

调整数据表的外观可以使数据表更清晰和美观。

1.　改变字段次序

在默认设置下，通常 Access 显示数据表中的字段次序与它们在表中出现的次序相同。在使用数据表视图时，往往需要移动某些列来满足查看数据的要求。这时可以改变字段的显示次序。方法是：单击移动字段的字段选定器，把鼠标放在所选字段上，按住左键拖曳到合适位置释放鼠标。

2.　调整列宽和行高

（1）调整列宽

将鼠标指针移到某个字段选定器的右边界上，当它变成"左右双箭头"时，按住鼠标向左拖动可使该列变窄，向右拖动可使该列变宽。

要精确调整列宽，可以在字段选择器上右键单击，执行"字段宽度"命令，弹出"列宽"对话框，如图 3-73 所示。可以在"列宽"对话框中输入调整列宽的数字，单击"确定"按钮。

（2）调整行高

将鼠标指针移到任意两个记录选定器上的分界线上，当它们变成上下双箭头时，若按住鼠标向上拖动，所在记录均会变窄，而向下拖动，所有记录行均变宽。

与调整列宽一样，也可以在行选定器上右键单击，打开"行高"对话框，如图 3-74 所示，调整行高。

图 3-73　"列宽"对话框　　　　　　　图 3-74　"行高"对话框

3. 隐藏字段和显示字段

在数据表视图中，为了便于查看表中的主要数据，可以将某些字段暂时隐藏起来，需要时再将其显示出来。

（1）隐藏字段

打开要操作的数据表，在要隐藏字段的字段选定器中右键单击，执行"隐藏字段"命令。

（2）取消隐藏字段

在字段的字段选定器中右键单击，执行"取消隐藏字段"命令，弹出"取消隐藏列"对话框，如图 3-75 所示；在图 3-75中字段名前的复选框打上√，该字段即被显示，否则仍被隐藏。

图 3-75 "取消隐藏列"对话框

4. 字段的冻结与解冻

冻结一列或多列，就是将这些列自动地放在数据表视图的最左端，而且无论如何左右滚动数据表视图窗口，系统会自动将冻结的字段列放在最左端保持它们随时可见，以方便用户浏览表中数据。冻结列的方法是：在要冻结字段的字段选定器上右键单击，执行"冻结字段"命令。取消冻结的列只需执行"取消冻结所有字段"命令，即可取消所有字段的冻结。

5. 设置字体与格式

设置字段与格式的方法是：打开表的数据表视图，单击表的行选定器与字段选定器交叉点处，选定全表数据，选择"开始"选项卡，通过"文本格式"组中的列表框和工具按钮，设置表中数据的字体、字号、字形、颜色，表的底纹、数据对齐方式，网格线等。

3.6.3 表的复制、删除和重命名

在导航窗格中可以对表对象执行复制、删除和重命名等操作。

1. 复制表

表的复制操作既可以在同一数据库中进行，也可以在两个数据库之间进行。

（1）在同一个数据库中复制表

在导航窗格中选中要复制的表对象，如"学生信息"表，按住 Ctrl+C 快捷键，执行复制操作，再按 Ctrl+V 快捷键执行粘贴操作，出现"粘贴表方式"对话框，如图 3-76 所示。

在"表名称"框中输入新的表名，在"粘贴选项"栏中选择粘贴方式。

图 3-76 "粘贴表方式"对话框

① 仅结构：只复制表的结构，不包括记录，这样可以建一个与当前表具有相同字段和属性的空表。

② 结构和数据：同时复制表的结构和记录，新表就是当前表的一份完整的副本。

③ 将数据追加到已有的表：将当前表中的所有记录添加到另一个表中。该操作要求目标表必须已存在，并且目标表和当前表的结构必须相同。

（2）将表从一个数据库复制到另一个数据库中

在导航窗格中选中要复制的表对象，单击功能区"开始"选项卡下的"剪贴板"组中的"复制"命令，再打开另一个 Access 数据库文件，单击功能区"开始"选项卡下的"剪贴板"组中的"粘贴"

命令，在"粘贴表方式"对话框中输入表名，并选择一种粘贴方式，单击"确定"按钮即可。

2. 删除表

在导航窗格中，选中要删除的表对象，按
Delete 键，系统显示图 3-77 所示的提示信息，
单击"是"按钮，执行删除操作，该对象将从
所有的组中删除。

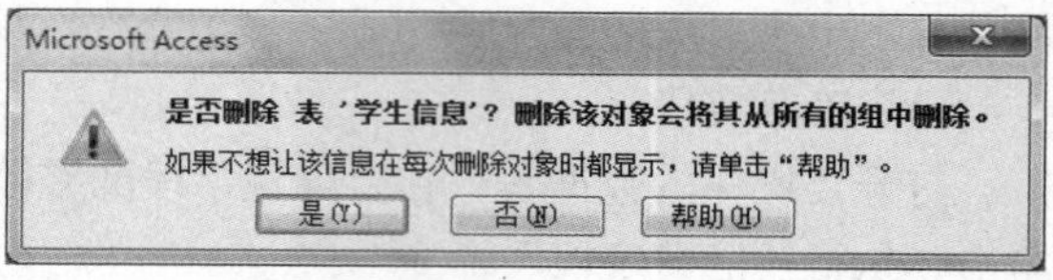

图 3-77　删除数据库对象时的提示信息

3. 表的重命名

在导航窗格中，右键单击要重命名的表对象，从快捷菜单中选择"重命名"命令。

3.7　数据的导出与导入

在 Access 中通过数据的导入和导出，可以实现与其他文件之间的数据共享，包括从其他文件中获取数据，或者将 Access 中的数据输出到其他文件中。

3.7.1　数据的导出

打开 Access 数据库，在导航窗格中选择要导出的表对象，单击功能区"外部数据"选项卡下的"导出"组中的命令，可以将该表中的数据输出到其他格式的文件中，如导出到另一

图 3-78　数据导出工具界面

个 Access 数据库、文本文件、Excel 电子表格文件、XML 文件、PDF 文件或 XPS 文件等，如图 3-78 所示。

例 3-25　将"学生管理系统"中的"学生信息"表导出为一个 Excel 电子表格文件。

操作步骤：

（1）打开"学生管理系统"数据库，在导航窗格中选中"学生信息"表，单击功能区"外部数据"选项卡下"导出"组中的"Excel"命令 。打开 "导出-Excel 电子表格"对话框。

（2）单击"浏览"按钮，为导出的电子表格文件指定保存位置和文件名。如图 3-79 所示。

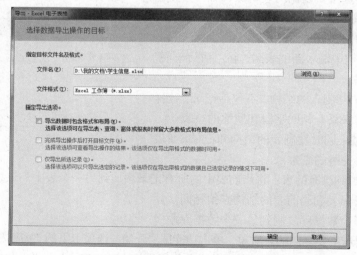

图 3-79　"导出-Excel 电子表格"对话框

（3）单击"确定"按钮，完成导出操作。

　　例 3-26　将"学生管理系统"数据库中的"学生信息"表导出到文本文件。

操作步骤：

（1）选择"学生信息"表，单击功能区"外部数据"选项卡下"导出"组中的"文本文件"命令，打开"导出-文本文件"对话框，单击"浏览"按钮选择导出文件的保存位置，如图 3-80 所示。

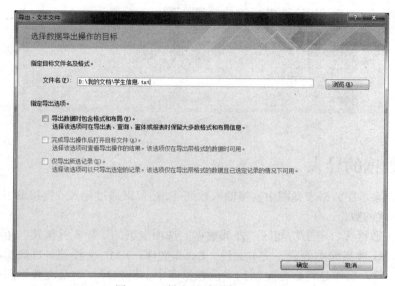

图 3-80　"导出-文本文件"对话框

（2）单击"确定"按钮，启动"导出文本向导"，如图 3-81 所示。

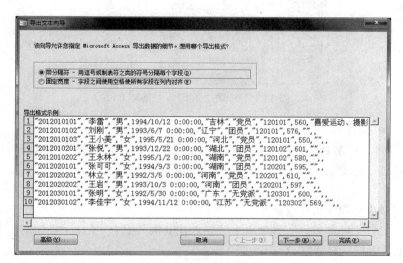

图 3-81　选择导出格式

（3）单击"下一步"按钮，选择字段分隔符，如图 3-82 所示。

（4）单击"确定"按钮，完成导出操作。

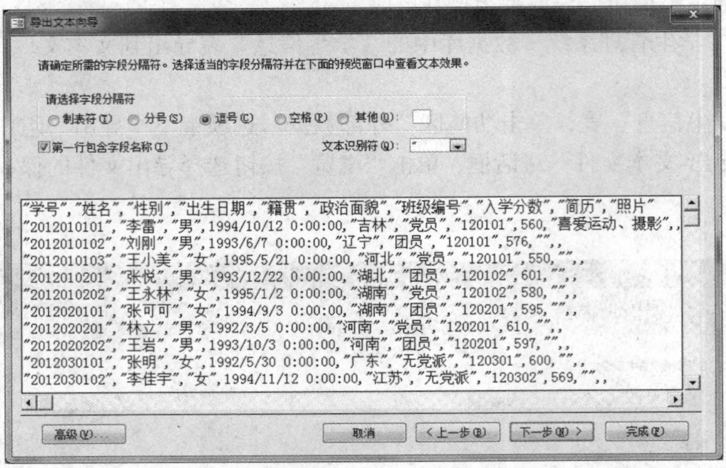

图 3-82　选择字段分隔符

3.7.2　数据的导入

在 Access 中除了在数据表视图中直接输入数据外，还可以通过导入或链接的方式获取其他程序产生的表格形式的数据。

打开 Access 数据库，单击功能区"外部数据"选项卡下的"导入并链接"组中的命令，可以将另一个 Access 数据库中的表、文本文件、Excel 文件、XML 文件等外部数据导入或链接到当前数据库中。导入操作是将数据复制到当前数据库中，链接操作则是在数据库中建立外部文件的一个链接。如图 3-83 所示。

图 3-83　外部数据的导入工具界面

1. 导入 Excel 文件

例 3-27　将例 3-25 导出的"学生信息.xlsx"导入到"学生管理系统"数据库中，导入的表文件名为"学生信息一览表"。

操作步骤：

（1）打开"学生管理系统"数据库。

（2）单击功能区"外部数据"选项卡下"导入并链接"组中"Excel"按钮，打开"获取外部数据-Excel 电子表格"对话框。

（3）单击"浏览"按钮，选定导入的文件，返回到"获取外部数据-Excel 电子表格"对话框，如图 3-84 所示。

（4）单击"确定"按钮，在打开对话框中选择合适的工作表或区域，如图 3-85 所示。

（5）单击"下一步"按钮，确定是否包含标题列标题，如图 3-86 所示。

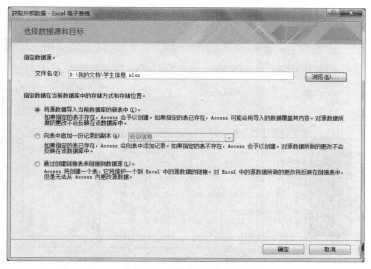

图 3-84　"打开"对话框

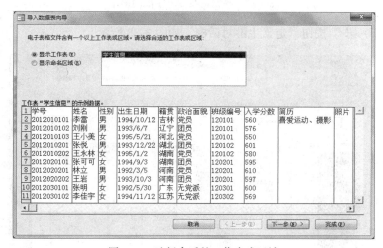

图 3-85　选择合适的工作表或区域

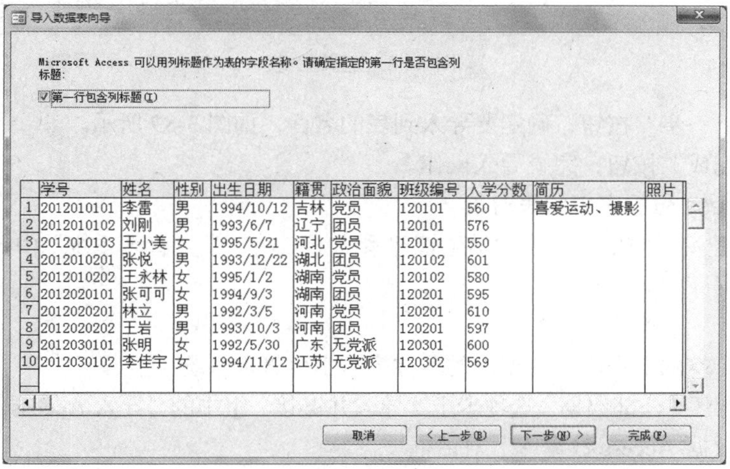

图 3-86　确定是否包含标题

（6）单击"下一步"按钮，确定正在导入的每一字段的信息，如图 3-87 所示。

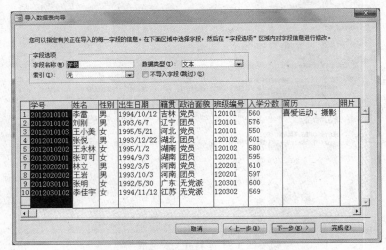

图 3-87 确定正在导入字段的信息

（7）单击"下一步"按钮，定义主键对话框，如图 3-88 所示。

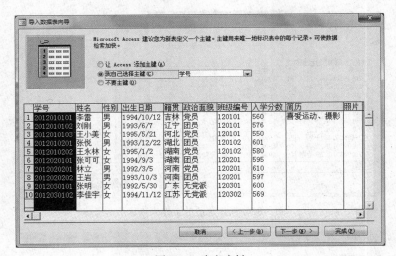

图 3-88 定义主键

（8）单击"下一步"按钮，确定要导入到表的名称，如图 3-89 所示。

（9）单击"完成"按钮，完成导入操作。

2. 导入 Access 数据库中的表对象

例 3-28 新建一个空的数据库"学生管理系统 1"，将"学生管理系统"中的"学生信息"表导入到新建的数据库中。

操作步骤：

（1）创建一个空的数据库，数据库的名称为"学生管理系统 1"。

（2）单击功能区"外部数据"选项卡下"导入并链接"组中的"导入 Access 数据库"命令 🖳，弹出"获取外部数据-Access 数据库"对话框。

（3）单击"浏览"按钮，选择数据源，如图 3-90 所示。

图 3-89　确定导入到表

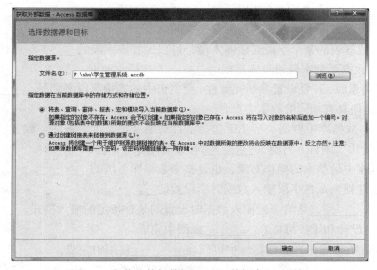

图 3-90　"获取外部数据-Access 数据库"对话框

（4）单击"确定"按钮，弹出"导入对象"对话框，如图 3-91 所示。

图 3-91　"导入对象"对话框

（5）选择"表"选项卡下面的"学生信息"表，单击"确定"按钮，"学生信息"表即被导入到"学生管理系统 1"数据库中。

【小结】

本章介绍了 Access 表结构的创建、表中数据的输入及字段属性的设置；索引是数据库中的重要功能，索引有助于提高查询的速度；通过主键，创建表与表之间的关系及设置参照完整性；在数据表视图中，可以对表进行查找、排序、汇总、筛选等操作；同时也可以编辑表、修饰表；在导航窗格中，可以对表对象进行复制、删除与重命名等操作；数据的导入与导出可以实现数据库系统中的数据与外部数据的共享。

习　题　三

一、填空题

1. 数据表是由_____和_____两部分组成的。

2. 给数据表中的字段命名时不能以_____开头。

3. _____决定了一个字段所占用的存储空间。

4. 如果要求数据表的某个字段必须输入值，可以设置该字段的_____属性。

5. OLE 对象数据类型字段通过链接或_____方式接收数据。

6. 建立表间关系时，若要设置参照完整性，则主表中的连接字段必须是_____或_____，且两个连接字段必须具有相同的数据类型。

7. 在 Access 数据库中数据类型主要包括：自动编号、文本、备注、数字、日期/时间、是/否、OLE 对象、货币、附件、计算、_____和查阅向导等。

8. 表是数据库中最基本的操作对象，也是整个数据库系统的_____。

9. 字段有效性规则是在字段输入数据时所设置的_____。

10. 字段输入_____是给字段输入数据时设置的某种特定的输入格式。

11. 表结构的设计和维护可以在_____视图中完成。

12. 在 Access 数据库中，表数据维护可以在_____视图中完成。

13. 在 Access 数据库中，建立表之间一对多的关联关系，要求主表中一定有设置_____。

14. 在数据表中如果要对某一列数据求平均值，可以在数据表中增加_____行。

15. 在"计算"型字段中，可以建立一个表达式来存储计算数据，表达式中可以引用_____中的字段。当表达式中引用的字段值改变时，计算字段的值会_____更新。

二、选择题

1. 下列选项中，不属于 Access 数据类型的是（　　）。

　　A. 文本　　　　　B. 备注　　　　　C. 通用　　　　　D. 日期/时间

2. 下列关于 OLE 对象的描述中，正确的是（　　）。

　　A. 用于输入文本数据

　　B. 用于处理超级链接数据

　　C. 用于生成自动编号数据

　　D. 用于链接或嵌入 Windows 支持的对象

3. 以下字段类型中可以改变"字段大小"属性的是（　　）。

　　A. 文本　　　　　B. 日期/时间　　　C. 是/否　　　　　D. 备注

4. 若设置字段的输入掩码为"9999 - 999999",该字段正确的输入数据是（　　　）。

    A. 0371 - 123456　　B. 010-abcdef　　C. abcd-1234556　　　　D. abcd-uvwxyz

5. 在 Access 表中,为字段设置标题属性的作用是（　　　）。

    A. 控制数据的显示样式　　　　　　　B. 限制数据输入的格式

    C. 更改字段的名称　　　　　　　　　D. 作为数据表视图中各列的栏目名称

6. 在 Access 中,设置"格式"属性的作用是（　　　）。

    A. 控制数据的显示格式　　　　　　　B. 限制数据的输入格式

    D. 更改字段的名称　　　　　　　　　D. 作为数据表视图中的各列的栏目名称

7. 下列关于空值的叙述中,正确的是（　　　）。

    A. 空值是长度为零的字符串　　　　　B. 空值是等于 0 的数值

    C. 空值是用空格表示的值　　　　　　D. 空值是用 NULL 或空白来表示的值

8. 在对表中某一字段建立索引时,若其值有重复,可选择（　　　）。

    A. 主　　　　　　　B. 有（无重复）　　C. 无　　　　　　　D. 有（有重复）

9. 下面关于主键的叙述错误的是（　　　）。

    A. 数据库中的每个表都必须有一个主关键字段

    B. 主关键字段值是唯一的

    C. 主关键字可以是一个字段,也可以是一组字段

    D. 主关键字段中不许有重复值和空值

10. 在 Access 导航窗格中,可以对表对象进行的操作是（　　　）。

    A. 复制　　　　　　B. 删除　　　　　　C. 重命名　　　　D. 以上都是

11. 在 Access 中,为了维护相关表中数据的一致性,在建立表间关系时,需要（　　　）。

    A. 实施参照完整性　　　　　　　　　B. 定义索引

    C. 设置有效性规则　　　　　　　　　D. 设置默认值

12. 在 Access 中,如果不想显示数据表中的某些字段,可以使用的命令是（　　　）。

    A. 隐藏　　　　　　B. 删除　　　　　　C. 冻结　　　　　D. 筛选

13. 在数据表视图中,不能进行的操作是（　　　）。

    A. 删除一条记录　　　　　　　　　　B. 修改字段的类型

    C. 删除一个字段　　　　　　　　　　D. 改变字段在表结构中的位置

14. 在表设计视图中,不能进行的操作是（　　　）。

    A. 删除一条记录　　　　　　　　　　B. 修改字段的类型

    C. 删除一个字段　　　　　　　　　　D. 改变字段在表结构中的位置

15. 数据表中有一个"型号"字段,若需要按照指定的样式输入数据,应该定义的字段属性是（　　　）。

    A. 格式　　　　　　B. 默认值　　　　　C. 输入掩码　　　D. 有效性规则

三、简答题

1. 在 Access 中有几种创建表的方法?

2. Access 数据表的字段有哪几种数据类型?

3. Access 数据表的字段可以设置哪些属性?

4. 字段有效性规则属性、格式属性和字段掩码属性的作用各是什么?

5. 表间关系有哪几种?

6. 关联表间实施参照完整性的含义是什么？

7. 关联表间的级联更新和级联删除的含义是什么？

8. 在 Access 中有哪几种筛选记录的方法？

9. 在数据表视图中，如何使用汇总进行数据统计？

10. 如何将 Access 数据表中的数据导入到外部文件中？

四、实验题

参考表 3-2，在"学生管理系统"中创建一个"学生信息"表，并完成下列操作。

1. 设置"学号"的字段大小为 10，输入掩码为必须输入十位数字，标题为"学生编号"，并设置"学号"为主键。

2. 对"性别"字段做如下的设置：

默认值为"男"，有效性规则为只能输入男或女，有效性文本为"只能输入男或女"，数据类型为"查询向导"，索引为有重复索引。

3. 设置"出生日期"字段的默认值为当前日期，格式为××月××日××××年，输入掩码为"长日期"。

4. 设置字段大小为整型，入学分数的取值范围在 550～600，有效性文本为"入学分数只能在 550～600！"

5. 在学生信息表中增加两记录，内容自定。

6. 将表中所有籍贯中的"南"字换成"北"字。

7. 隐藏政治面貌字段，再将隐藏的列重新显示出来。

8. 冻结"学号"字段，观察冻结效果，再取消冻结的字段。

9. 设置"学生信息"表示显示格式，使表的背景颜色为"茶色，深色 10%"，网格线的颜色为"深蓝，淡色 80%"，字号为 12。

10. 建立"政治面貌"和"入学分数"的复合索引。

11. 将"学生信息"表导出为一个 Excel 文件，文件名为"学生信息.xlsx"。

12. 将"学生信息"导出为一个文本文件，文件名为"学生信息.Txt"。

13. 将"学生信息.xlsx"导入到数据库中，名称为"学生信息 1"。

14. 将"学生信息. Txt"导入到数据库中，名称为"学生信息 2"。

15. 使用汇总命令统计"学生信息"表中的人数，计算"入学分数"的平均值。

16. 按"入学分数"从高到低的顺序排列。

17. 查找河南籍的男生。

18. 查找"入学分数"在 580～600 的学生。

19. 按图 3-52 中的关系结构模式，建立"学生管理系统"中各表之间的关系，每个关系都要设置参照的完整性。

第 **4** 章　查询

【本章导读】

　　查询是数据库管理系统最常用、最重要的功能。通过查询，可以对数据库中一个或多个表中的数据进行检索，获得需要的数据或统计结果等。本章主要介绍 Access 中使用查询设计视图和 SQL 语言建立查询的方法。

4.1　认　识　查　询

　　通过数据表视图打开表时，显示的是全部数据，这里包含了某些用户不关心的数据，而且有些数据是分散在不同的数据表中，单靠某一个表很难实现用户查找数据的需求，还有很多时候用户感兴趣的只是大量数据中很小的一部分。这就需要用到 Access 的另一个数据库对象——查询。

4.1.1　查询的特点

　　查询有以下特点。

　　（1）表是存储数据的数据库对象，而查询则是对表中的数据进行检索、统计、分析、查看和更改的又一个非常重要的数据库对象。

　　（2）如果说表是对数据进行了分割，那么查询则是将不同表的数据进行组合，它可以从多个表中查找到满足条件的记录组成一个动态集，以数据表视图的方式显示。

　　（3）查询对象中保存的是查询准则，而不是查询的结果。

　　（4）表和查询都是查询的数据源，查询也是窗体、报表的数据源。

　　（5）建立查询之前，一定要先建立表与表之间的关系。

4.1.2　查询的类型

　　Access 2010 主要提供了两种查询方式。一种是屏幕操作方式，通过建立查询的可视化方法存储查询条件；另一种是程序方式，通过直接书写 SQL 命令的方式实现查询。

　　Access 2010 的查询有五种形式：选择查询、交叉表查询、参数查询、操作查询和特殊用途查询。

4.2　选　择　查　询

　　选择查询是最常见、最简单的查询类型，它是从一个或多个表及查询中检索数据，并以数据表形式显示结果。选择查询也可以对数据进行分组，并对数据进行总计、计数和求平均值等计算。

4.2.1 使用查询向导创建查询

例 4-1 使用查询向导创建查询，查询"学生信息"表中学生的信息，要求显示学生的"学号"、"姓名"、"性别"和"政治面貌"信息，查询名为"学生名单"。

操作步骤：

（1）打开"学生管理系统"数据库，单击功能区"创建"选项卡下"查询"组中的"查询向导"按钮。打开新建查询对话框，如图 4-1 所示，选择"简单查询向导"。

（2）单击"确定"按钮，在打开的对话框"表/查询"列表框中选择"学生信息"表，在"可用字段"中选择所需字段，如图 4-2 所示。

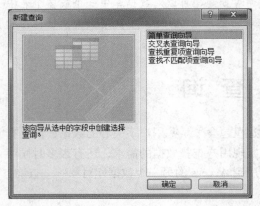

图 4-1　新建查询对话框

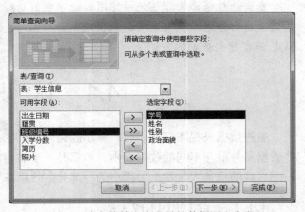

图 4-2　确定简单查询向导的数据源和字段

（3）单击"下一步"按钮，在打开的对话框中为查询指定标题，如图 4-3 所示。

（4）单击"完成"按钮。即可见如图 4-4 所示的信息。

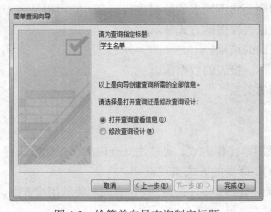

图 4-3　给简单向导查询制定标题

图 4-4　简单查询向导结果

4.2.2 在查询设计视图中创建查询

查询设计视图可以独立地创建查询，也可以对向导创建的查询进行修改。

例 4-2 使用查询设计视图创建查询，显示学生的"学号"、"姓名"、"班级名称"、"学院名称"，查询名为"学生班级学院信息"。

操作步骤：

（1）打开"学生管理系统"数据库，单击功能区"创建"选项卡下"查询"组中的"查询设计"按钮。打开"显示表"对话框，如图 4-5 所示。

（2）确定所需的数据表，在弹出的"显示表"对话框中选择添加"学院信息"表、"班级信息"表、"学生信息"表。

（3）确定查询所要包含的字段，在设计网格中的字段行依次选择。

在每个网格的下拉列表中，都可以看到所有数据源表中的所有字段，要选择一个表中的所有字段请选择列表中的"表名.*"。字段的选取，除了在下拉列表中直接选择外，还可以在数据源区双击选择想要的字段；或者把数据源区想要的字段直接拖拉到字段行应在的位置。字段选择的同时，网格的第二行的"表"栏目中自动出现所选字段的所属表。如图 4-6 所示。

图 4-5 显示表

（4）保存查询对象，在弹出的"另存为"对话框中，为查询命名为"学生班级学院信息"。在"学生管理系统"数据库的左边导航窗格下就会显示新创建的查询，如图 4-7 所示。

（5）运行查询，即单击功能区"设计"选项卡下"结果"组中的运行 按钮。结果如图 4-8 所示。

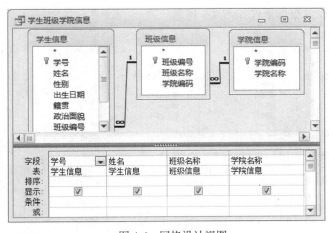

图 4-6 网格设计视图

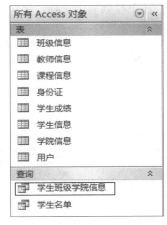

图 4-7 数据库对象的更改

如果三张表已经建立了关联关系，那么添加的表格之间会自动按照设置好的关联显示连接线；如果还设置了表间的参照完整性，连线的主表（主键）一端显示"1"，子表（外键）一端显示"∞"；如果事先没有设置关联关系，可以在数据源区域进行设置，将主表的主键拖动到子表的外键处，这时出现一条两者之间的连线。要想进一步编辑关联关系，可双击这条线进行编辑。

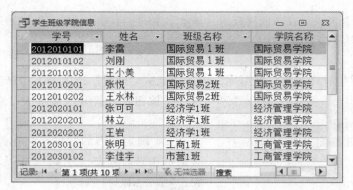

图 4-8　运行结果

4.2.3　设置查询条件

查询条件是指在创建查询时，通过对字段添加限制条件，使查询结果中只包含满足条件的数据。

1. 简单条件表达式

例 4-3　查询所有学生的"高等数学"课程成绩，查询结果按"班级编号"升序和"成绩"字段降序排列。查询名称命名为"高等数学成绩"。

操作步骤：

（1）使用查询设计视图创建查询，添加"学生信息"表、"学生成绩"表、"课程信息"表。

（2）确定查询所需要的字段。在"课程名"字段下方的条件网格中输入"高等数学"。

（3）设计查询结果排序的依据，选择"班级编号"下方的排序网格，在下拉列表中选择"升序"，同样选择"成绩"下方的排序网格，在下拉列表中选择"降序"，选择"成绩"下方的排序网格，在下拉列表中选择"降序"。设置查询条件如图 4-9 所示。

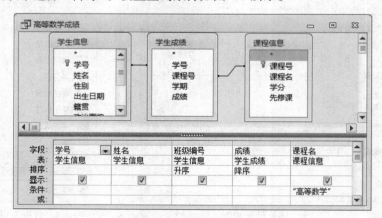

图 4-9　设计排序和条件网格

（4）单击"保存"按钮，弹出"另存为"对话框，查询命名为"高等数学成绩"。

（5）运行查询，结果如图 4-10 所示。

排序时可以设置多级排序字段，排序的级别按照"排序"网格从左到右的顺序设定，如上例若让"成绩"优先于"班级编号"，则可拖动"成绩"列到"班级编号"列的左边。

学号	姓名	班级编号	成绩	课程名
2012010102	刘刚	120101	80	高等数学
2012010101	李雷	120101	76	高等数学
2012010201	张悦	120102	68	高等数学
2012020201	林立	120201	70	高等数学
2012020101	张可可	120201	64	高等数学
2012030101	张明	120301	88	高等数学
2012030102	李佳宇	120302	82	高等数学

图 4-10　查询结果二级排序

查询设计器分为上下两个部分。上部分称为表 / 查询输入区，显示查询要使用的表或其他查询；下半部分称为设计网格。设计网格需要设置如下内容。

① 字段：设置查询所涉及的字段。

② 表：字段所属的表。

③ 排序：字段排序准则。

④ 显示：当复选框选中时，字段在查询中出现。

⑤ 条件：设置筛选记录的条件。

⑥ 或：对字段中的可选条件使用"或"运算。

2. 多字段多条件表达式

要限制某些字段的范围，应使用条件网格。在相应字段的条件网格中输入条件表达式。设计网格中的"条件"和"或"两行都属于条件网格。输入在同一行的条件表示"并且（And）"逻辑关系；输入在不同行的条件表示"或（Or）"逻辑关系。

例如，查询"高等数学"和"大学英语"课程，该条件网格的写法有两种，如图 4-11 所示。

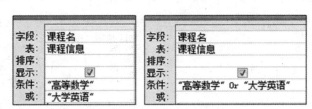

图 4-11　"或（Or）"运算的两种设计方式

例 4-4　在"学生信息"表中查询国际贸易 1 班党员和国际贸易 2 班团员的学生名单。

操作步骤：

（1）使用查询设计视图创建查询，添加"学生信息"表、"班级信息"表。

（2）设置查询条件设计网格如图 4-12 所示。

（3）保存并运行，结果如图 4-13 所示。

图 4-12　例 4-4 条件网格设计

图 4-13　例 4-4 运行结果

若上例中"班级名称"和"政治面貌"字段不需要显示，则可把设计网格改为如图 4-14 所示的样子。运行结果如图 4-15 所示。

图 4-14　设置某些隐藏字段

图 4-15　隐藏字段后的显示效果

在查询条件的设计过程中，可以通过使用各种条件表达式来实现查询的不同要求。一个条件表达式的计算结果应该是一个逻辑值。

例 4-5　查询"教师信息"表中未婚的非博士教师情况。要求显示"教师编号"、"姓名"、"性别"、"参加工作时间"、"学历"和"婚否"。记录按参加工作时间以升序排列。

操作步骤：

使用查询设计创建查询，添加"教师信息"表，设置查询条件如图 4-16 所示。

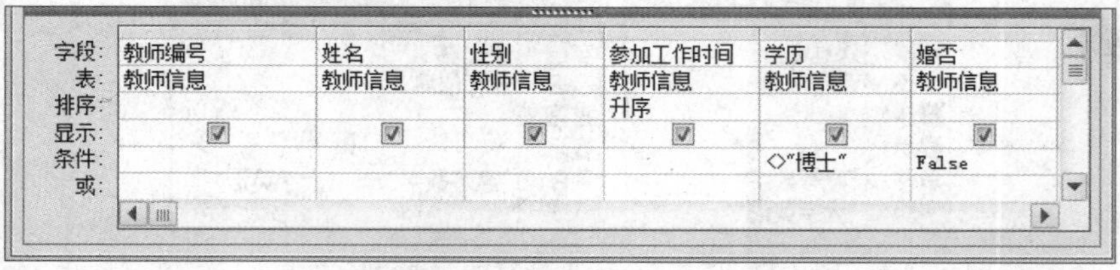

图 4-16　逻辑型字段条件的设置

3. 特殊运算符

设计查询条件时，可以使用一些特殊的运算符，如表 4-1 所示。

表 4-1　　　　　　　　　　　　查询中的特殊运算符

运算符	功能说明	举例
[NOT] BETWEEN…AND…	指定字段值在（或不在）某个区间内	成绩　Between 70 And 90
[NOT] LIKE	指定字段值与某个字符串模式匹配（或不匹配）	姓名　Like "王*"
[NOT] IN	指定字段值包含（或不包含）在某几个值中	课程号　In("101", "103")
[NOT] IS　NULL	指定字段值是（否）空值	入学成绩　Is Null

例 4-6　查找显示所有考试成绩在 70～85 分学生的"学号"、"姓名"、"课程名"和"成绩"信息。

操作步骤：

（1）使用查询设计视图创建查询，添加"学生信息"表、"课程信息"表和"学生成绩"表。

（2）设置查询条件网格，如图 4-17 或图 4-18 所示。

（3）运行并保存。

图 4-17　第一种方法（Between 运算符）条件网格设计

图 4-18　第二种方法（And 运算符）条件网格设计

例 4-7　查询"1001"或"1003"课程的学生成绩，要求显示"学号"、"姓名"、"课程名"和"成绩"。

操作步骤：

（1）使用查询设计视图创建查询，添加"学生信息"表、"课程信息"表和"学生成绩"表。

（2）设置查询条件网格，如图 4-19 或图 4-20 所示。

（3）保存并运行。

图 4-19　第一种方法（In 运算符）条件网格设计

图 4-20　第二种方法（Or 运算符）条件网格设计

例 4-8　查询无需先修课的"课程名称"和"学分"信息。

操作步骤：

（1）使用查询设计视图创建查询，添加"课程信息"表。

（2）设置查询条件网格如图 4-21 所示。

（3）保存并运行。

有时候查询数据需进行模糊查找，这时使用通配符就是比较好的方法。通配符如表 4-2 所示。

图 4-21 空（Is Null 运算符）条件设置

表 4-2　　　　　　　　　　　　　　　　Like 通配符

通配符	功能说明	举例
*	表示 0 个或多个字符	"王*"可以与王浩、王林、王沂东匹配
?	表示一个非空字符	"王?"可以与王林、王浩匹配，但不与王沂东匹配
#	表示一个数字	"图 4-#"可以与图 4-2、图 4-5 匹配
[]	方括号内任何单个字符	"[王张]伟"可以与王伟、张伟匹配，但不与黄伟匹配
!	排除方括号内任何单个字符	"[!张王]伟"可以和黄伟匹配，但不与张伟和王伟匹配
—	某个范围内的任何单个字符	"0[2-4]"可以与 02、03、04 匹配，但不与 01、06 匹配

例 4-9　查找显示所有"王"姓学生的"学号"、"姓名"、"课程名"和"成绩"。

操作步骤：

（1）使用查询设计视图创建查询，添加"学生信息"表、"学生成绩"表和"课程信息"表。

（2）设置查询条件网格如图 4-22 或图 4-23 所示。

（3）保存并运行。

图 4-22　设置"王"姓条件 方法一（函数）

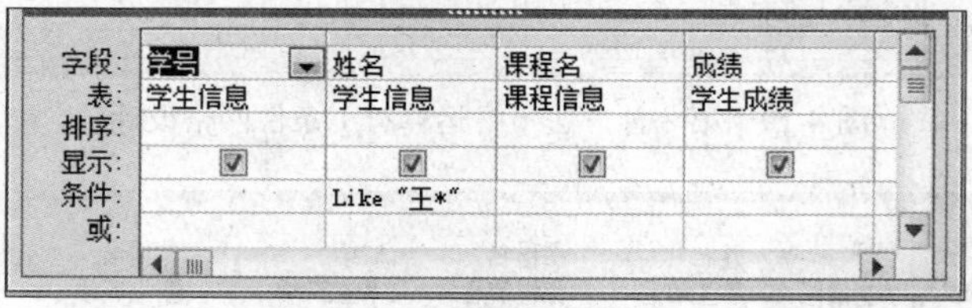

图 4-23　设置"王"姓条件 方法二（Like 运算符）

在查询数据表时，可以只显示上限或下限字段的记录，或显示包含最大或最小百分比值字段的记录。

例 4-10　查询"入学分数"前三名的学生的"学院名称"、"班级名称"、"学号"和"姓名"和"入学分数"，查询命名为"入学分数前三名的同学"。

操作步骤：

（1）使用查询设计视图创建查询，添加"学院信息"
表、"班级信息"表和"学生信息"表。

（2）设置功能区"查询工具/设计"选项卡下"查询设置"
组中的"返回"值为"3"，如图 4-24 所示。

（3）设置查询条件网格如图 4-25 所示，保存并运行，结果
如图 4-26 所示。

图 4-24　设置返回值

字段:	学院名称	班级名称	学号	姓名	入学分数
表:	学院信息	班级信息	学生信息	学生信息	学生信息
排序:					降序
显示:	☑	☑	☑	☑	☑
条件:					
或:					

图 4-25　入学分数降序设置

入学分数前三名的同学

学院名称	班级名称	学号	姓名	入学分数
经济管理学院	经济学1班	2012020201	林立	610
国际贸易学院	国际贸易2班	2012010201	张悦	601
工商管理学院	工商1班	2012030101	张明	600

记录: ◄ 第 1 项(共 3 项) ► ►► ⊠ 无筛选器　搜索

图 4-26　入学分数前三名的同学

4.3　查询中的计算

查询可以供用户同时浏览多个表的数据，还可以执行计算。例如用户可能不关心某个学生的
具体考试情况，更关心课程的及格率，或更关心学生的平均分数等汇总结果。为了获得这些汇总
数据，要在查询中执行计算。

4.3.1　预定义计算

预定义计算即所谓的"查询汇总"，用于对查询中的分组记录或全部记录进行"汇总"，如求
和、平均、计数、最大值、最小值、标准偏差或方差等。Access 通过聚合函数来实现。

例 4-11　建立查询，统计"学生信息"表中男女生人数。

操作步骤：

（1）使用查询设计视图创建查询，添加"学生信息"表。

（2）添加"学号"字段和"性别"字段。

（3）单击功能区"设计"选项卡下"显示/隐藏"组中的"汇总"按钮 ，Access 在设计网格
中显示"总计"行，并将"学号"和"性别"进行了分组。

（4）单击"总计"行"学号"右边下三角按钮，选取聚合函数："计数"，如图 4-27 所示。

（5）保存并运行查询，结果如图 4-28 所示。

例 4-12　建立查询，统计"高等数学"课程成绩的平均分、最高分、最低分。

图 4-27　男女人数条件网格设计　　　　　图 4-28　男女生人数统计结果

操作步骤：

（1）使用查询设计视图创建查询，添加"学生成绩"表、"课程信息"表。

（2）单击"查询工具/设计"选项卡"显示/隐藏"组中的"汇总"按钮，Access 2010 在设计网格中显示"总计"行。

（3）添加"课程名称"字段，添加三次"成绩"字段。

（4）在条件行，将"课程名"设置为"高等数学"。

（5）设置查询条件网格如图 4-29 所示。

（6）保存并运行，结果如图 4-30 所示。

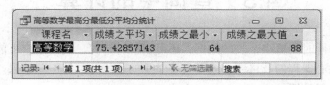

图 4-29　统计最高分、最低分和平均分查询网格

图 4-30　统计最高分、最低分和平均分结果

字段的小数位数可以重新设定。在设计网格中，选择要更改的字段，单击鼠标右键，打开快捷菜单，选择"属性"。在"属性表"对话框"常规"选项卡中，修改"格式"属性为"固定"，修改"小数位数"属性为 0，如图 4-31 所示。设置效果如图 4-32 所示。

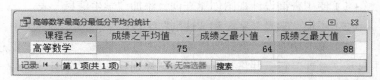

图 4-31　显示字段属性设置　　　　　图 4-32　字段属性设置后效果

查询汇总的要点有两个。

1. 确定分组项

要确定按照什么依据对已选的数据进行分组（分组以行为单位）。分组的依据可以是某个字段，例如按学号分组，那么同一个学号的则被分到一组；分组依据也可以是某个表达式，例如 Year([出生日期])，那么同一年的则被分到一组。如果在查询汇总的时候没有设分组依据，那么所有已选的记录被认为是一个大组。

2. 确定统计汇总项

分组的最终目的是汇总，要指定对组内的哪些列，做什么汇总操作。常用的汇总操作由 Access 2010 内置函数中的聚合函数实现，如表 4-3 所示。

表 4-3　　　　　　　　　　　　　　总计网格的总计项目

总计项	意义	说明
Group By	分组	用以指定分组字段
Sum	合计	为每一组中指定的字段进行求和运算
Avg	平均值	为每一组中指定的字段进行求平均值运算
Min	最小值	为每一组中指定的字段进行求最小值运算
Max	最大值	为每一组中指定的字段进行求最大值运算
Count	计数	根据指定的字段计算每一组中记录的个数
Stdev	标准差	根据指定的字段计算每一组的统计标准差
Var	方差	根据指定的字段计算每一组的统计方差
First	第一条记录	根据指定的字段获取每一组中首条记录该字段的值
Last	最后一条记录	根据指定的字段获取每一组中最后一条记录该字段的值
Expression	表达式	用以在设计网格的"字段"行中建立计算表达式
Where	条件	限定表中的哪些记录可以参加分组汇总

例 4-13　列出选修三门以上课程的学生的"学号"和"姓名"。

操作步骤：

（1）使用查询设计视图创建查询，添加"学生成绩"表、"学生信息"表。

（2）设置查询条件网格如图 4-33 所示。

（3）运行并保存。

例 4-14　查找显示每个"王"姓同学的平均成绩，要求显示"学号"、"姓名"及"平均分"。

操作步骤：

（1）使用查询设计视图创建查询，添加"学生信息"表和"学生成绩"表。

（2）设置查询条件网络如图 4-34 所示。

图 4-33　统计三门以上课程查询网格　　　　图 4-34　查询每个"王"姓同学的平均成绩

（3）保存并运行。

4.3.2 自定义计算（添加新字段）

如果想对一个或多个字段的数据进行数值、日期和文本计算，需要在"设计网格"中创建计算字段，自定义计算就是在设计网格中创建新的字段，计算字段是在查询中重新定义的字段。

创建计算字段的方法：将表达式输入到查询设计网格中的"字段"单元格中。输入规则是："计算字段名：表达式"。如果表达式包含字段名，则必须用中括号将字段名括起来，其中计算字段名和表达式之间的分隔符是半角的"："。

例 4-15 查询所有学生的"学号"、"姓名"和"年龄"。

年龄字段在"学生信息"表是不存在的，表中只存储了学生的出生日期，年龄可以通过对"出生日期"字段计算得出，计算年龄的表达式是：Year(Date())-Year([出生日期])。新字段缺省名为"表达式 1"，为了给新字段起一个合适的名字，在此直接将"表达式 1"改为"年龄"即可。

操作步骤：

（1）使用查询设计视图创建查询，添加"学生信息"表。

（2）添加"学号"、"姓名"字段。

（3）在一个空白的字段网格中输入表达式：Year(Date())-Year([出生日期])。

（4）在表达式前面指定新的字段名为"年龄"，并和表达式之间用英文的冒号间隔。查询设计网格和查询结果如图 4-35 所示。

（5）保存并运行，如图 4-36 所示。

图 4-35　自定义字段设置　　　　　　　　图 4-36　年龄查询结果

例 4-16 统计"王"姓学生的人数。

操作步骤：

（1）使用查询设计视图创建查询，设计网格如图 4-37 所示。

（2）保存并运行。

图 4-37　"王"姓人数统计网格设计

4.4　交叉表查询

交叉表是一种不同于数据库二维表结构的数据表，它有行、列两个系列的字段名，行、列字段的交叉项中存储数据。课程表是一种典型的交叉表，按行检索第几节课，按列检索星期几，交叉项显示课程名称和上课地点。交叉表实际上也是一种查询，只不过用交叉表的形式组织查询结果。

1. 利用向导建立交叉表查询

例4-17　使用"交叉表查询向导"创建查询，按性别统计不同政治面貌的人数。

操作步骤：

（1）打开"学生管理系统"数据库，单击功能区"创建"选项卡下"查询"组中的"查询向导"按钮。选择"交叉表查询向导"，如图4-38所示。

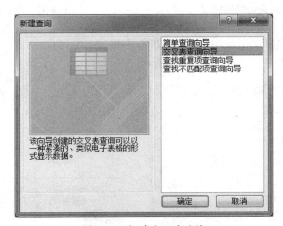

图4-38　新建交叉表查询

（2）单击"确定"按钮，在弹出"交叉表查询向导"对话框中选择"表"选项，选择"学生信息"作为数据源。如图4-39所示，单击"下一步"按钮。

（3）选定"政治面貌"字段，作为行标题，如图4-40所示。单击"下一步"按钮。

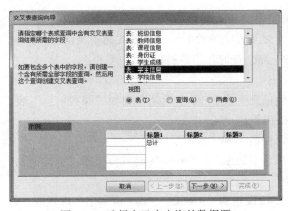

图4-39　选择交叉表查询的数据源

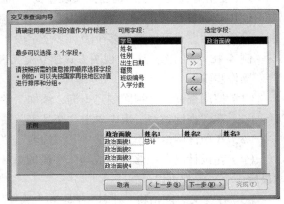

图4-40　选择交叉表查询的行标题

（4）选定"性别"字段作为列标题，如图 4-41 所示。单击"下一步"按钮。

（5）对"学号"个数计数，作为行列交叉点的数据，如图 4-42 所示。单击"下一步"按钮。

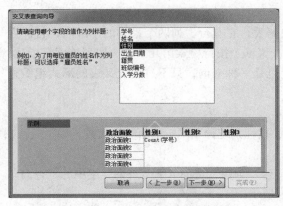

图 4-41　选择交叉表查询的列标题　　　　　图 4-42　指定交叉点计算方式

（6）指定查询名称"男女生政治面貌"，如图 4-43 所示。

（7）单击"完成"按钮，结果如图 4-44 所示。

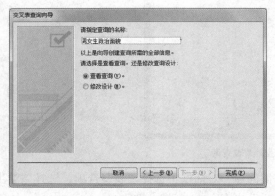

图 4-43　指定交叉表查询名称　　　　　图 4-44　交叉表查询结果

2. 使用查询设计视图建立交叉表查询

使用查询设计视图的方式创建交叉表查询和使用交叉表向导方式创建交叉表查询的最大区别：设计视图方式可以选择多个表、多个字段作为交叉表中的数据，创建方式简单灵活。

例 4-18　利用查询设计视图方式建立交叉表查询，查询学生各科成绩。

操作步骤：

（1）使用查询设计视图创建查询，添加"学生信息"表、"学生成绩"表和"课程信息"表。

（2）在"查询类型"组中单击"交叉表" ⊞ 按钮。

（3）在条件网格中添加"学号"、"姓名"、"课程名"和"成绩"字段。

（4）在设计网格中修改"成绩"字段的总计项为"First"（因为成绩唯一，选择"平均值"，"最后一个"等都可以）。

（5）在交叉表网格将"姓名"字段和"学号"字段设置为"行标题"，将"课程名"设置成"列标题"，将"成绩"设为"值"。查询设计视图如图 4-45 所示。

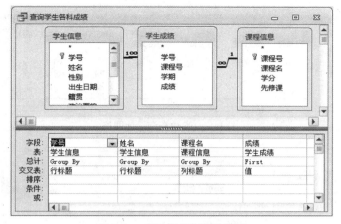

图 4-45　交叉表查询设计视图

（6）保存并运行。结果如图 4-46 所示。

查询学生各科成绩

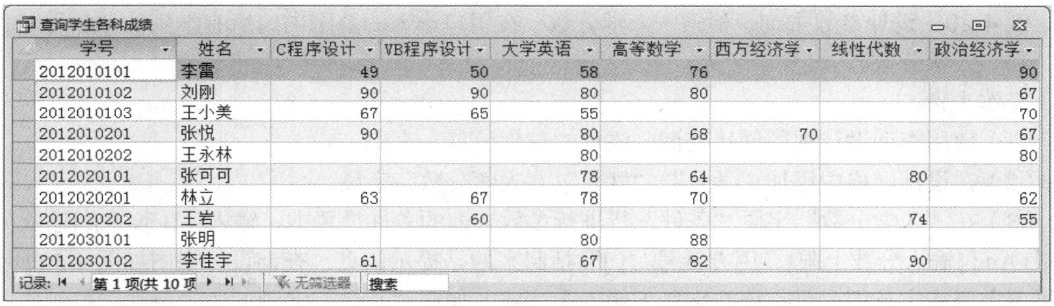

学号	姓名	C程序设计	VB程序设计	大学英语	高等数学	西方经济学	线性代数	政治经济学
2012010101	李雷	49	50	58	76			90
2012010102	刘刚	90	90	80	80			67
2012010103	王小美	67	65	55				70
2012010201	张悦	90		80	68	70		67
2012010202	王永林			80				80
2012020101	张可可			78	64		80	
2012020201	林立	63	67	78	70			62
2012020202	王岩		60				74	55
2012030101	张明			80	88			
2012030102	李佳宇	61		67	82		90	

记录: 第 1 项(共 10 项　无筛选器　搜索

图 4-46　各科成绩结果

4.5　参数查询

参数查询是 Access 查询中比较复杂的高级查询，该查询是在查询运行时设置查询参数，实现对数据检索的查询。即在查询运行时弹出对话框，要求用户输入记录的限制条件，然后系统根据用户输入条件，实现动态查询。参数查询是通过在相应字段下的“条件”行处用[ ]来实现的。[ ]内为提示文本，用于提示用户输入什么条件。

例 4-19　按照用户输入的年份，查找该年份出生的学生。显示包括“学号”、“姓名”、“性别”和“出生日期”。

操作步骤：

（1）使用查询设计视图创建查询，添加“学生信息”表。

（2）在设计网格中添加选择“学号”、“姓名”、“性别”和“出生日期”字段。

（3）在设计网格中插入一个自定义字段：Year([出生日期])，并将其作为参数查询的依据。

（4）在自定义字段的条件网格中输入[请输入出生年份:]，中括号不能省略，并取消该列的显示。查询设计视图如图 4-47 所示。

（5）保存。运行时弹出对话框，输入出生年份，如图 4-48 所示，运行结果如图 4-49 所示。

图 4-47　参数查询设计网格

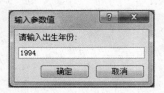

图 4-48　参数查询对话框

图 4-49　参数查询运行结果

例 4-20　设计参数查询，检索"入学分数"在用户输入的范围内的所有学生的"学号"、"姓名"和"入学分数"。

操作步骤：

（1）使用查询设计视图创建查询，添加"学生信息"表。

（2）在设计网格中添加"学号"、"姓名"、"入学分数"字段。

（3）在"入学分数"字段"条件"行进行参数查询的条件设置中，输入：Between [输入分数下限] And [输入分数上限]。用方括号"[ ]"括起来的是提示信息，查询设计视图如图 4-50 所示。如果不需要指定范围，可直接在字段下输入表达式。如在"姓名"字段下的"条件"单元格中，输入"[请输入要查找的学生姓名]"。

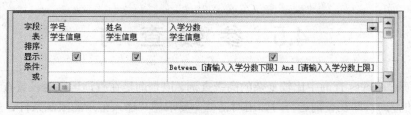

图 4-50　分数查询设计网格

（4）运行查询。在出现的第一个对话框中输入"入学分数"的下限值，如图 4-51 所示，单击"确定"按钮，在出现的第二个对话框中输入"入学分数"的上限值，如图 4-52 所示，单击"确定"按钮。运行结果如图 4-53 所示。

图 4-51　设置入学分数查询下限

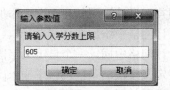

图 4-52　设置入学分数查询上限

图 4-53 分数查询结果

4.6 操 作 查 询

在数据库的日常维护和使用过程中，常常会对大量的数据进行修改。Access 的操作查询可以用一个查询实现成批数据的插入、更新和删除，还可以将查询的结果生成一个基本表，并写入数据库磁盘。

4.6.1 生成表查询

生成表查询是利用一张或多张表中的全部或部分数据生成新表。例如，可以从一张或多张表中选取部分字段生成新表，然后导出到其他数据库中。

例 4-21 将 "C 程序设计" 课程不及格学生的 "学号"、"姓名"、"课程名" 和 "成绩" 信息生成新表，新表名为 "程序设计不及格名单"。

操作步骤：

（1）使用查询设计视图创建查询，添加 "学生信息"、"学生成绩" 和 "课程信息" 表。

（2）在设计网格中添加 "学号"、"姓名"、"课程名" 和 "成绩" 字段。

（3）输入查询条件，限制新表所包含的内容。如图 4-54 所示。

图 4-54 生成表查询的网格设计

（4）单击功能区 "查询工具/设计" 选项卡下 "查询类型" 组中 "生成表" 按钮，运行查询，在 "生成表" 对话框中输入目标表的名称，如图 4-55 所示。

（5）单击 "确定" 按钮，弹出图 4-56 消息框。

图 4-55 给生成的新表命名

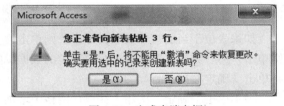

图 4-56 生成表消息框

（6）单击"是"按钮，在数据库导航窗口的"表"对象中，将增加一张新表"程序设计不及格名单"。如图4-57所示。

图 4-57 生成表结果

4.6.2 追加查询

追加查询是将一个或多个表中的一组记录添加到另一个已经存在的表的末尾。追加查询应满足几点要求。

（1）追加查询的数据源表和插入数据的目标表不能是同一个表。

（2）一旦追加不可撤销。

（3）新数据和目标表字段个数一样，且字段类型、字段大小一一对应。

（4）新数据不能违背目标表的约束。

例 4-22 将"VB程序设计"课程成绩不及格的学生信息追加到"程序设计不及格名单"表中。
操作步骤：

（1）使用查询设计视图创建查询，添加"学生信息"表、"学生成绩"表和"课程信息"表。

（2）在设计网格中添加"学号"、"姓名"、"课程名"和"成绩"字段。

（3）在"查询工具/设计"选项卡的"查询类型"组上，单击"追加"按钮，显示"追加"对话框，在"表名称"框中，输入要向其追加记录的表的名称，如图4-58所示。

图 4-58 追加对话框

如果表位于当前打开的数据库中，则单击"当前数据库"。如果表不在当前打开的数据库中，则单击"另一数据库"并输入存储该表的数据库的路径，或单击"浏览"按钮定位到该数据库，再单击"确定"按钮。

（4）单击"确定"按钮，在设计网格中增加"追加到"行。输入查询条件，如图4-59所示。

（5）运行查询，弹出图4-60所示的对话框，单击"是"按钮追加记录，单击"否"按钮取消追加。

图 4-59　追加查询网格设计　　　　　　　　图 4-60　追加确认消息框

4.6.3　更新查询

更新查询是对一个或多个表中筛选出来的数据进行更改。如果要对数据表中的某些数据进行有规律的、成批的更新替换操作，就可以使用更新查询来实现。

例 4-23　在"学生成绩"表中，将"C 程序设计"课程的成绩小于 60 分的记录成绩上调 5 分。

操作步骤：

（1）使用查询设计视图创建查询，添加"学生成绩"表和"课程信息"表。

（2）在设计网格中添加"课程名"和"成绩"字段。

（3）在"条件"网格中输入条件。

（4）单击"查询工具/设计"选项卡下"查询类型"组中"更新"按钮，并在"成绩"的"更新到"设计网格中输入表达式："[成绩]+5"，如图 4-61 所示。

（5）若要查看将要更新的记录列表，单击"查询工具/设计"选项卡下"结果"组中的"视图"按钮，此列表并不显示新值。

（6）运行查询，弹出如图 4-62 所示的消息框。只有运行查询后，才能更新数据。单击"确定"按钮，更新查询完成。

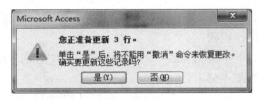

图 4-61　更新查新　　　　　　　　　　图 4-62　更新查询消息框

打开"学生成绩"表，数据已被更改。

4.6.4　删除查询

删除查询是将满足条件的记录进行删除。它将改变设计网格的结构，去掉"排序"网格和"显示"网格，增加一个"删除"网格。

删除查询将删除整个记录，而不只是记录中的所选字段；删除查询可以从单个表中删除记录，也可以从多个相互关联的表中删除记录；删除网格有"From"和"Where"两个选项，"From"指明从哪个表删除记录，"Where"指明删除记录要满足的条件。运行此查询将永久删除指定表中的记录，并且删除的记录不能使用"撤销"命令恢复。因此用户在执行删除查询的操作时要十分慎重，最好把要删除记录的表进行备份，以防由于误操作而引起数据丢失。

例 4-24　建立查询，将"入学分数"低于 561 分的记录从"学生信息"表中删除。

操作步骤：

（1）使用查询设计视图创建查询，添加"学生信息"表。

（2）在设计网格中添加"学生信息.*"和"入学分数"字段。

（3）单击"查询工具/设计"选项卡下"查询类型"组中"删除"按钮。

（4）为"学生信息.*"字段设置删除项为"From"，为"入学分数"设置删除项为"Where"。

（5）设置查询设计网络如图 4-63 所示。

（6）运行查询，弹出如图 4-64 所示消息框，单击"是"按钮，执行删除。

图 4-63　删除查询

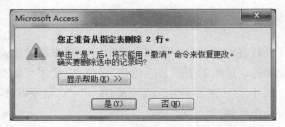

图 4-64　删除查询消息框

4.7　其　他　查　询

4.7.1　查找重复项

查找重复项查询向导，可以在表中找到一个或多个字段完全相同的记录数。

例 4-25　查找统计"学生信息"表中不同政治面貌男生、女生人数（即统计"政治面貌"和"性别"均相同的记录个数）。

操作步骤：

（1）单击功能区"创建"选项卡下"查询"组中"查询向导"按钮，选择查找重复项查询向导。如图 4-65 所示。

（2）单击"确定"按钮，在打开的对话框中，选择"表"视图，并在组合框中选择表："学生信息"，如图 4-66 所示。

图 4-65　重复项查询

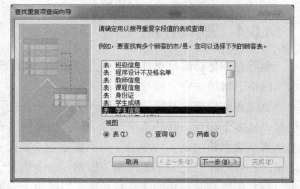

图 4-66　选择重复字段的数据源

（3）单击"下一步"按钮，在打开的对话框中选择包含重复项的字段，在本例中为"政治面貌"和"性别"，如图 4-67 所示。

（4）单击"下一步"按钮，在打开的对话框中选择要显示的其他字段，如无则不选择。如图 4-68 所示。

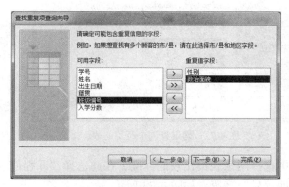

图 4-67　选择重复信息的字段

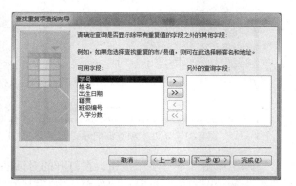

图 4-68　选择查询显示重复字段以外的字段

（5）单击"下一步"按钮，在打开的对话框中确定该查询的名称，保存查询，如图 4-69 所示。

（6）单击"完成"按钮，查询结果如图 4-70 所示。该表第三列显示出了不同性别的政治面貌人数。

图 4-69　给查找重复项查询命名

图 4-70　重复项查询结果

4.7.2　查找不匹配项

查找不匹配项查询向导，可以在表中找到与其他表中的信息不匹配的记录。

例 4-26　查找没有被选的课程（即该课程无学生成绩），显示"课程号"、"课程名"和"学分"字段。

操作步骤：

（1）单击功能区"创建"选项卡下"查询"组中的"查询向导"按钮。如图 4-71 所示。

（2）单击"确定"按钮，在打开的对话框中，选择"表"视图，并在组合框中选择表："课程信息"，如图 4-72 所示。

（3）单击"下一步"按钮，在打开的对话框中选择要与哪张表比较不匹配项，在此选择"学生成绩"表。如图 4-73 所示。

图 4-71　不匹配项查询向导

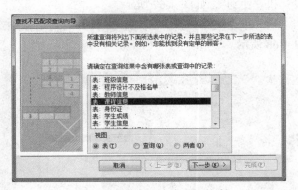

图 4-72　确定查询中所用的表

（4）单击"下一步"按钮，在打开的对话框中选择两张表按比较的标准，在此选择"课程信息"表的"课程号"字段和"学生成绩"表的"课程号"字段，如图 4-74 所示。

图 4-73　确定查询中所用的另一张表

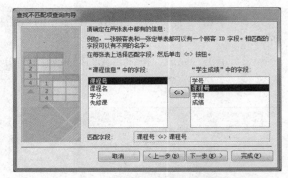

图 4-74　确定两张表中都有的信息

（5）单击"下一步"按钮，在打开的对话框中选择查询结果需要显示的字段。如图 4-75 所示。

（6）单击"下一步"按钮，在打开的对话框中确定该查询的名称，如图 4-76 所示。

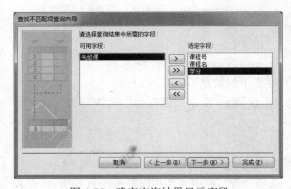

图 4-75　确定查询结果显示字段

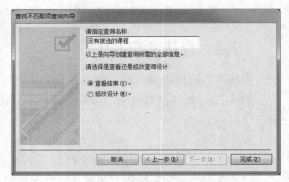

图 4-76　给查询结果命名

（7）单击"完成"按钮，保存查询。查询结果如图 4-77 所示。

图 4-77 不匹配项查询运行结果

4.8 结构化查询语言

当今数据库产品的主导类型是关系模型,而 SQL 结构化查询语言(Structured Query Language)功能强大、结构简练、使用方便,成为当前流行的各种关系数据库管理软件的通用标准语言。其功能包括数据查询、数据操纵、数据定义和数据控制四个部分,是一种非过程化的语言,其大多数语句都是独立执行的,与上下文无关。

SQL 语言中有 9 个关键核心命令,包括了对数据库的所有操作,如表 4-4 所示。目前,几乎所有的关系数据库都支持 SQL 标准。

表 4-4　　　　　　　　　　　　　　　　SQL 语言的核心命令

功能分类		命令	功能
数据定义		CREAT	创建对象
		ALTER	修改对象
		DROP	删除对象
数据操纵	数据查询	SELECT	数据查询
	数据更新	UPDATE	更新查询
		INSERT	插入查询
		DELETE	删除查询
数据控制		GRANT	定义访问权限
		REVOKE	回收访问权限

Access 2010 在建立查询的基础上提供 SQL 语言的执行平台,键入 SQL 命令并执行的具体过程如下。

在 Access 的数据库中使用查询设计创建一个查询,关闭随之弹出的"显示表"对话框。在空白位置上单击鼠标右键,在弹出的快捷菜单中选择"SQL 视图"。查询窗口此时切换到如图 4-78 所示的 SQL 语言输入平台,可以在空白区域输入 SQL 语句。

语句输入完成后,单击窗口左上角的 ! 按钮执行语句。如果该 SQL 语句是数据定义或数据操作语言,请打开对应的数据对象查看运行结果,是否实现了创建/插入/修改/删除的要求;

图 4-78 SQL 语句输入窗口

如果是数据查询语句，那么查询的结果将直接显示在本查询窗口中；如果发现命令的执行结果有误，要返回 SQL 视图窗口重新编辑，此时只要单击窗口左上角的"视图"按钮，在下拉菜单中选择"SQL 视图"选项即可；如要保存，直接单击"保存"按钮，根据提示对话框进行保存。

4.8.1 SQL 数据查询命令的基本用法

数据查询是数据库的核心操作，用 SQL 的 SELECT 命令，可以实现数据查询功能。具有灵活的使用方法和丰富的功能。在 Access 2010 中，查询的数据来源可以是表，也可以是另一个查询。它包括单表查询、多表查询、嵌套查询、合并查询等。

1. SELECT 命令的语法格式

```
SELECT [ALL|DISTINCT][TOP <数值>][ PERCENT] <目标列表> [[AS] <列标题>]
FROM <表或查询> [[AS] <别名 1>，<表或查询 2>[[AS] <别名 2>]
[INNER|LEFT[OUTER]  |RIGHT [OUTER]JOIN]
<表或查询 3>[[AS] <别名 3>][ON <连接条件>]…]
     [WHERE <条件表达式>] AND <筛选条件>
     [GROUP BY <分组项> [HAVING <分组筛选条件>]]
     [ORDER BY <排序项> [ASC] [DESC]]
```

2. 参数说明

（1）SELECT 子句指定查询输出的结果。

① ALL：表示查询结果中包括所有满足查询条件的记录，也包括重复的记录。默认 ALL。

② DISTINCT：表示在查询结果中内容完全相同的记录只能出现一次。

③ TOP <数值> [PERCENT]：指定查询结果中只返回前面一定数量或百分比的记录，具体数量或百分比由<数值>来决定。

④ AS <列标题>：指定查询结果中列的标题名称。

（2）FROM 子句指定查询数据所在的表以及在连接条件中涉及的表。

<表或查询>：表或查询表示要操作的表或查询名称，即数据源。

AS <别名>：表示同时为表指定一个别名。

（3）JOIN 子句指定多表之间的连接方式。

① INNER|LEFT[OUTER] |RIGHT [OUTER]JOIN 表示内部|左（外部）|右（外部）连接。其中的 OUTER 关键字为可选项，用来强调创建的是一个外部连接查询。

② ON 子句：与 JOIN 子句连用，指定多表之间的关联条件为：<连接条件>。

（4）WHERE 子句指定查询条件。

多个条件之间用 AND 或 OR 连接，分别表示多个条件之间的"与"和"或"关系。

（5）GROUP BY 子句指定对查询结果分组的依据。

① <分组项>：指定分组所依据的字段。

② HAVING 子句：与 GROUP BY 子句联用，指定对分组结果进行筛选的条件为<分组筛选条件>。

（6）ORDER BY 子句指定对查询结果排序所依据的列。

① <排序项>：指定对查询结果排序所依据的列。

② ASC 指定查询结果以升序排列，DESC 指定查询结果以降序排列。

在上述格式中，"<>"表示必选项，具体内容由用户提供，"[]"表示可选项，"|"表示多选一。

3. SELECT 命令与查询设计器中选项的对应关系

本章前几节介绍了使用查询向导或查询设计器建立查询的方法。实际上，在查询向导和查询设计器中建立的查询，都由 Access 中的 SQL 语法转换引擎自动转换为等效的 SQL 语句。

从 SELECT 语句的格式中可以看到，一条 SELECT 语句可以包含多个子句，其中各子句查询设计器中各项之间的对应关系如表 4-5 所示。

表 4-5 SELECT 命令各子句与查询设计器中各选项间的对应关系

SELECT 子句	查询设计器的选项
SELECT <目标列>	"字段"栏
FROM <表或查询>	"显示表"对话框
WHERE <筛选条件>	"条件"栏
GROUP BY <分组项>	"总计"栏
ORDER BY <排序项>	"排序"栏

SELECT 命令的书写规则如下。

（1）在"数据定义查询"窗口中一次只能输入一条 SQL 语句。

（2）动词必须书写完整，如"SELECT"，不能写成"SELE"。

（3）当 SQL 语句较长，需分行书写时，用"Enter"键直接换行即可，无须加任何分行符。

（4）书写 SQL 语句要注意格式，应当尽量做到一个子句一行。

（5）语句中所有的标点符号均要使用英文格式。

由于 Access 2010 提供了 SQL 视图,因此利用 SQL 视图可以查看或修改某个查询对应的 SQL 语句,并通过观察查询对应的 SQL 语句,学习 SQL 语句的用法。

4.8.2 单表查询

单表查询是指查询结果及查询条件中涉及的字段均来自于一个表或查询。常用的单表查询有下面几种情况。

1. 查询表中的若干列

这种查询就是从表中选择需要的目标列，对应于关系代数中的投影运算，其格式为：

```
SELECT <目标列 1> [,<目标列 2>,…]] FROM <表或查询>
```

（1）查询所有字段

当需要查询输出表中所有字段时，在目标列中使用"*"即可，而不必将表中所有字段依次罗列出来。

例 4-27 查询"课程信息"表中所有课程的全部信息。

```
Select * From 课程信息
```

该命令等同于以下命令，但简化了命令的输入。

```
Select 课程号, 课程名, 学分, 先修课
From 课程信息
```

（2）查询指定的字段

当需要查询输出一张表中的某些字段时，目标列中依次罗列各输出字段名称，字段的罗列次序即为字段的输出顺序。

例 4-28 查询"学生信息"表中所有学生的"学号"、"姓名"和"性别"信息。

```
Select 学号, 姓名, 性别 From 学生信息
```

（3）查询不重复记录

如果要去掉查询结果中的重复记录，可以在字段名前加上 DISTINCT 关键字。

例 4-29 从"学生成绩"表中查询所有学生的"学号"。

```
Select  Distinct 学号 From 学生成绩
```

查询结果如图 4-79 所示；如果不加 DISTINCT，查询结果则如图 4-80 所示。

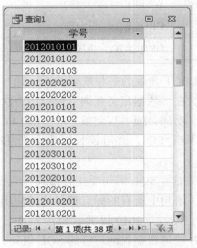

图 4-79　查询学生成绩表里的学号（带 Distinct）　　图 4-80　查询学生成绩表里的学号（不带 Distinct）

（4）查询计算值

查询的目标列可以是表中的字段，也可以是一个表达式。

例 4-30 查询"学生信息"表中所有学生的"姓名"、"性别"和"年龄"。

```
Select 姓名, 性别, Year(Date())- Year([出生日期]) As 年龄 From 学生信息
```

2. 选择查询

选择查询是从表中选出满足条件的记录，对应于关系代数中的选择运算，其格式为：

```
SELECT <目标列> FROM <表名> WHERE<条件>
```

　　　　　WHERE 子句中的条件是一个逻辑表达式，常由多个关系表达式通过逻辑运算符连接而成。

例 4-31 查询"教师信息"表中已婚教师的信息。显示包括"教师编号"、"姓名"、"性别"和"婚否"。

```
Select 教师编号, 姓名, 性别, 婚否
From 教师信息
Where 婚否=True
```

例 4-32 查询"课程信息"表无先修课的课程相关信息。

```
Select  *
From 课程信息
Where 先修课 is Null
```

例 4-33 查询"学生信息"表中于 1988 年 12 月 16 日或 1989 年 6 月 7 日出生的学生"学号"、"姓名"与"出生日期"。

```
Select 学号, 姓名, 出生日期
From 学生信息
Where 出生日期 In (#1988/12/16#,#1989/6/7#)
```

例 4-34 查询"学生成绩"表中成绩在 80～85 分的学生的记录。

```
Select *
From 学生成绩
Where 成绩 Between 80 And 85
```

例 4-35 查询年龄在 20 岁以上男生或女生信息（性别由用户输入）。

```
Select *
From 学生信息
Where 性别=[请输入要查询的性别:]  And  Year(Date())-Year([出生日期])>=20
```

例 4-36 查询"学生信息"表中所有姓名中包含"国"字的学生"学号"、"姓名"与"班级编号"。

```
Select 学号,姓名,班级编号
From 学生信息
Where 姓名 Like "*国*"
```

3. 排序查询

在 SELECT 语句中使用 ORDER BY 子句可以对查询结果按照一个或多个列的升序(ASC)或降序(DESC)排列，默认是升序。该子句的格式为：

```
ORDER BY <排序项> [ASC | DESC]
```

<排序项>可以是字段名，也可以是目标列的序号。如上例题中"学号"列的序号为 1，"姓名"列的序号为 2，依此类推。

例 4-37 查询"学生成绩"表中成绩在 80～85 分的记录，记录按课程号的升序排列，同门课程按成绩的降序排列。

```
Select  *
From 学生成绩
Where 成绩 Between 80 And 85
Order By 课程号,成绩 Desc
```

若要从满足条件的记录中选出前面的若干记录（用数字或百分比指定），可以在目标列前加上

TOP 短语，其格式为：

```
TOP <数值>或 TOP <数值> PERCENT
```

例 4-38 查询"学生信息"表中入学分数排在前 5 名的记录。

```
Select Top 5 *
From 学生信息
Order By 入学分数 Desc
```

4. 分组查询

在 SELECT 语句中使用 GROUP BY 子句可以对查询结果按照某字段的值分组。该子句的格式为：

```
GROUP BY <分组项> [HAVING <分组筛选条件>]
```

 分组查询通常与 SQL 聚合函数一起使用，先按指定的字段分组，再对各组进行合并，如计数、求和、求平均值等。如果未分组，则聚合函数将作用于整个查询结果。

Access 中提供的 SQL 聚合函数见表 4-6。

表 4-6 聚合函数

函数名	功能	参数	实例
Count()	统计记录个数	*	Count(*)
Count()	统计某列非空值个数	列名	Count(分数)
Avg()	求某列数据（必须是数字型）的平均值	字段名	Avg(分数)
Sum()	求某列数据（必须是数字型）的总和	字段名	Sum(学分)
Min()	求某列数据的最小值	字段名	Min(成绩)
Max()	求某列数据的最大值	字段名	Max(出生日期)

例 4-39 统计"学生信息"表中学生总人数。

分析："学生信息"表中的学号是唯一的，即一个学号对应一个学生，所以"学生信息"表中的记录个数，就是所要求的学生总数。

```
Select  Count(*) As 学生总数 From 学生信息;
```

 由聚合函数形成的数据将成为一个新的列，在查询结果中出现，其标题名可以用 AS 子句指定，也可以不指定，用系统默认的名字。

例 4-40 统计各班的学生人数。

分析：解决这个问题需要先将"学生信息"表的记录按"班级编号"分组，其次在组内统计记录个数，即在组内使用 COUNT(*)。

```
Select 班级编号, Count(*)  As 学生总数
From 学生信息
Group By 班级编号
```

例 4-41 统计各职称的教师人数。显示结果按人数降序排列。

分析：对"教师信息"表按"职称"分组，用 COUNT(*) 统计组内记录数；增加排序子句，在排序子句中用编号代替字段名称。

```
Select 职称, Count(*)As 总人数
From 教师信息
Group By 职称
Order By 2
```

如果分组后还要求按一定的条件对这些组进行筛选，则可以在 GROUP BY 子句后添加 HAVING 短语来指定筛选条件（HAVING 短语只能出现在有 GROUP BY 子句的查询中）。

例 4-42　统计显示各职称人数超过 2 人（含 2 人）的职称情况，要求按职称排序。

分析：增加了对分组后数据的筛选，使用 HAVING 短语，排序子句放在整个 GROUP BY … HAVING 子句之后。

```
Select 职称, Count(*)  As 总人数
From 教师信息
Group By 职称
Having Count(*)>=2
Order By 职称
```

例 4-43　查询选课门数在 3 门以上（含 3 门）的学生"学号"及"平均成绩"。

分析：这是一个较为简单的分组查询，目标字段是"学号"和由 Avg（分数）函数求得的"平均成绩"，分组依据是"学号"，对分组后数据进行筛选，条件是 Count(*)>=3。

```
Select 学号, Avg(成绩) As 平均成绩
From 学生成绩
Group  By 学号
Having Count(*)>=3
```

例 4-44　查询选课门数在 3 门以上（含 3 门），每门课程的成绩都不低于 75 分的学生"学号"及"平均成绩"。

分析：此题比上题多加了一个条件"每门课程成绩>= 75"。这个条件是作用于全部记录的，而不是作用于分组后的结果，所以应当使用 Where 子句。

```
Select 学号, Avg(成绩)  As 平均成绩
From 学生成绩
Where 成绩>=75
Group By 学号
Having Count(*)>=3
```

4.8.3　多表查询

在实际应用中，经常需要同时从两个或两个以上有关联关系的表中提取数据，这就需要将两个或两个以上表的记录通过相关联的字段连接起来进行查询，这种查询称为多表查询。

1. Access 表间连接查询的类型

两张或两张以上的表进行连接查询时，根据建立连接的规则不同，会生成不同的查询结果。Access 支持两种表间连接方式：

（1）在 FORM 子句中指定连接条件，其格式为：

```
SELECT <目标列>
FROM <表名1> INNER JOIN|LEFT JOIN|RIGHT JOIN <表名2>
ON <表名1>.<字段名1>=<表名2>.<字段名2>
```

① INNER JOIN 内部连接，即查询结果中只包含两个表中都有的记录。

② LEFT JOIN 左连接，即查询结果中包含 JOIN 子句左边表的所有记录，如果右边表中有相关联的信息，则显示该值，否则返回空值。

③ RIGHT JOIN 右连接，即查询结果中包含 JOIN 关键字右边表中的所有记录，如果左边表中有相关联的信息，则显示该值，否则返回空值。

（2）在 WHERE 子句指定连接条件，格式为：

```
SELECT <目标列> FROM <表名1>, <表名2>
WHERE <表名1>.<字段名1>=<表名2>.<字段名2>
```

例 4-45 根据"学生信息"表和"学生成绩"表，查询学生的"学号"、"姓名"、"课程编号"和"分数"。

```
Select 学生信息.学号, 姓名, 课程号, 成绩
From 学生信息 Inner Join 学生成绩 On 学生信息.学号 = 学生成绩.学号
```

例 4-46 根据"学生信息"表和"学生成绩"表，查询所有学生的"学号"、"姓名"、"课程号"和"分数"，没有成绩的学生也要显示出该学生的"学号"、"姓名"信息。

```
Select 学生信息.学号, 姓名, 课程号, 成绩
From 学生信息 Left Join 学生成绩 On 学生信息.学号 = 学生成绩.学号
```

例 4-47 查询所有学生的"学号"、"姓名"、"课程号"和"成绩"。

分析：本例所需的查询字段分别来自"学生信息"表和"学生成绩"表，两张表的数据通过"学生信息.学号"和"学生成绩.学号"实现对应。

```
Select 学生信息.学号, 姓名, 课程号, 成绩
From 学生信息, 学生成绩
Where 学生信息.学号=学生成绩.学号
```

为了简化输入，在 SELECT 命令中允许使用表的别名。别名可以在 FROM 子句中指定，在查询中使用。其格式为：

```
SELECT <目标列> FROM <表名1> <别名1>, <表名2> <别名2>
WHERE <别名1>.<字段名1>=<别名2>.<字段名2>
```

所以上例也可以写成：

```
Select xs.学号, 姓名, 课程号, 成绩 From 学生信息 xs, 学生成绩 cj
WHERE xs.学号=cj.学号
```

 表别名的创建与字段名的创建之间有一定差别：对字段创建别名时，要用 As 关键字；而对表创建别名时，不需要使用任何关键字，只需在 From 子句的表名之后直接指定别名即可。

例 4-48 查询分数在 85 分以上学生的"学号"、"姓名"、"课程号"和"成绩"。

分析：在上例的基础上给 WHERE 子句增加一个条件即可。

```
Select  xs.学号，姓名，课程号，成绩 From 学生信息 xs，学生成绩 cj
Where  xs.学号=cj.学号 And 成绩>85
```

本例 WHERE 子句中同时包含了连接条件和查询条件，其结果是上例的一个子集。

选用 INNER JOIN 选项，命令也可以写成：

```
Select 学生信息.学号，姓名，课程号，成绩
From 学生信息 Inner Join 学生成绩 On 学生信息.学号=学生成绩.学号
Where 成绩>85
```

在一种极端的情况下，使用别名是必要的选择。

例 4-49　查询同时选修了"1001"号课程和"1002"号课程的学生"学号"、"课程号"和"成绩"。运行结果如图 4-81 所示。

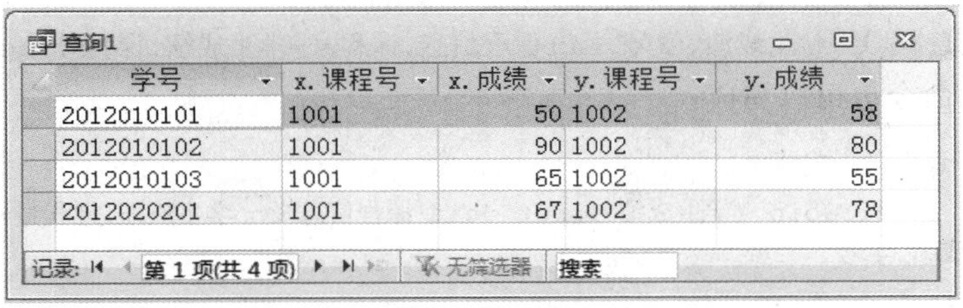

学号	x.课程号	x.成绩	y.课程号	y.成绩
2012010101	1001	50	1002	58
2012010102	1001	90	1002	80
2012010103	1001	65	1002	55
2012020201	1001	67	1002	78

图 4-81　使用别名查询

如果用下面的方式，则找不到合适的记录，但实际上确实有这样的记录。这是因为查询是以记录为单位筛选的，一条选课记录中只能有一个课程号，这个课程号绝对不可能同时等于"1001"和"1002"。如果改为"Or"的形式，查询结果也不对。因为查出的是选了"1001"或"1002"的学生，而不是同时选这两门可的学生。

```
Select 学号
From 学生成绩
Where 课程号="1003" And 课程号="1002"
```

因此需要将上述查询改为如下形式，才能找出满足条件的记录。

```
Select x.学号, x.课程号, x.成绩, y.课程号, y.成绩
From 学生成绩 x, 学生成绩 y
Where x.学号=y.学号 And x.课程号="1001" And y.课程号="1002"
```

2. 两张以上表间的连接查询

多表进行连接查询时，也可以使用 WHERE 子句和 JOIN ON 子句两种格式实现。

格式 1：

```
SELECT <目标列>
FROM <表名 1> [<别名 1>]，<表名 2>[<别名 2>] [……]
WHERE <连接条件 1> AND <连接条件 2> AND <筛选条件>[…]
```

格式 2：

```
SELECT<目标列>
FROM <表名 1>[<别名 1>] INNER JOIN | LEFT JOIN | RIGHT JOIN
(<表名 2>[<别名 2>] INNER JOIN | LEFT JOIN | RIGHT JOIN <表名 3>
```

```
ON <表名 2>.<字段名 2>=<表名 3>.<字段名 3>)
ON <表名 1>.<字段名 1>=<表名 2>.<字段名 2>
WHERE   <筛选条件>
```

各连接条件的顺序不分先后

例 4-50　查询成绩在 85 分以上的所有学生的"姓名"、"课程名称"、"成绩"。

分析：本例所需的查询字段来自"学生信息"、"学生成绩"和"课程信息"3 张表，按上面的语法格式，在 WHERE 子句中构造"学生信息.学号=学生成绩.学号 AND 课程信息.课程号=学生成绩.课程号"即可。命令为：

```
Select 姓名,课程名,成绩 From 学生信息,学生成绩,课程信息
Where 学生信息.学号=学生成绩.学号 And 课程信息.课程号=学生成绩.课程号 And 成绩>85
```

使用格式 2，命令也可以写成：

```
Select 姓名, 课程名, 成绩
From 学生信息 Inner Join (学生成绩 Inner Join 课程信息 On 学生成绩.课程号=课程信息.课程号)On
学生信息.学号=学生成绩.学号
Where 成绩>85
```

4.8.4　嵌套查询

嵌套查询是将一个 SELECT 语句包含在另一个 SELECT 语句的 WHERE 子句中，嵌套在内层的查询称为子查询。子查询（内层查询）的结果作为建立其父查询（外层查询）的条件，因此，子查询的结果必须具有确定的值。

利用嵌套查询可以将几个简单查询构成一个复杂查询，从而增强 SQL 的查询能力。

例 4-51　查询"刘刚"同学所修课程的"课程号"及"成绩"。

分析：所需信息在"学生信息"表、"学生成绩"表中，已知的是学生"姓名"，要找到"课程号"和"成绩"。方法是先在"学生信息"表中查到"刘刚"的学号，再以找到的学号为依据在"学生成绩"表中查找"课程号"与"成绩"。前者是内层查询，后者是外层查询。

```
Select 学号, 课程号, 成绩 From 学生成绩
Where 学号=(Select 学号 From 学生信息 Where 姓名="刘刚")
```

该命令的执行过程是：先执行子查询，从"学生信息"表中找出"刘刚"的学号，然后执行外层查询，在"学生成绩"表中找出学号值等于子查询结果的记录，并提取这些记录的"课程号"及"成绩"字段值。对应的查询设计网格如图 4-82 所示。

图 4-82　嵌套查询设计视图

例 4-52　查询"课程信息"表中，没有学生选修的课程名称。

分析：先在"学生成绩"表中唯一查询"课程号"，得到所有学生选修的课程号，再查"课程信息"中"课程号"不在其中的记录，输出"课程名称"。

```
Select 课程名 From 课程信息
Where 课程号 Not In (Select Distinct 课程号 From 学生成绩)
```

例 4-53 查询入学分数大于平均入学分数的学生相关信息。

```
Select 学号，姓名，入学分数
From 学生信息
Where 入学分数> (Select Avg(入学分数) From 学生信息)
```

4.8.5 合并查询

在 SQL 中，可以将两个 SELECT 语句的查询结果通过并运算(UNION)合并为一个查询结果。进行合并查询时，要求两个查询结果具有相同的字段数，并且对应字段的数据类型也必须相同。

例 4-54 查询 1990 年以前出生和 1995 年以后出生的学生信息。

```
Select 学号，姓名，性别，出生日期 From 学生信息 Where Year(出生日期)<1990
    Union
Select 学号，姓名，性别，出生日期 From 学生信息 Where Year(出生日期)>1995
```

4.8.6 其他 SQL 命令

1. 数据定义语言(DDL)

使用 SQL 语言的 CREATE、ALTER 和 DROP 命令可以实现数据的定义功能，包括表的定义、修改和删除等。

（1）定义表

使用 CREATE TABLE 语句定义表，格式为：

```
CREATE TABLE<表名>
(<字段名1><字段类型>[(<大小>)][ NOT NULL][ PRIMARY KEY | UNIQUE]
[,<字段名2><字段类型>[(<大小>)][ NOT NULL] PRIMARY KEY | UNIQUE]]
[,…])
```

① 定义表时，必须指定表名、各个字段名及相应的数据类型和字段大小（由系统自动确定的字段大小可以省略不写），各个字段之间用西文逗号分隔。

② 字段的数据类型必须用字符表示，如 INTEGER（长整型的数字）、SINGLE（单精度型的数字）、FLOAT（双精度型的数字）、CURRENCY（货币）、MEMO（备注）、DATE（日期／时间）、LOGICAL（是／否）、OLEOBJECT（OLE 对象）等。

③ NOT NULL 指定该字段不能为空。PRIMARY KEY 定义单字段主键，UNIQUE 定义单字段唯一键。

例 4-55 在"学生管理系统"数据库中，使用 SQL 语句定义一个名为"Rcda"的表，它由以下字段组成：编号，姓名，性别，出生日期，政治面貌，民族，工资现状，工作简历，照片。编号为主键，姓名不能为空。

```
Create Table Rcda( 编号 Char(8) Primary Key ,姓名 Char(8) Not Null, 性别 Char(2), 出生
日期 Date, 政治面貌 Char(4), 民族 Char(12),工资现状 Integer, 工作简历 Memo, 照片 Oleobject )
```

定义单字段主键或唯一键时，可以用上例所示的方法，直接在字段后加上 PRIMARY KEY 或 UNIQUE 关键字。若要定义多字段主键或唯一键，则应在 CREATE TABLE 命令中使用 PRIMARY KEY 或 UNIQUE 子句。

（2）修改表

使用 SQL 语言中的 ALTER TABLE 语句可以修改表的结构。

① 修改字段类型及大小。

```
ALTER TABLE <表名> ALTER <字段名> <数据类型>(<大小>)
```

 使用该命令不能修改字段名。

② 添加字段。

```
ALTER TABLE <表名> ADD <字段名> <数据类型>(<大小>)
```

③ 删除字段。

```
ALTER TABLE <表名> DROP <字段名>
```

例 4-56 使用 SQL 语句修改表，在"Rcda"表中增加一个"电话号码"字段（长整型）。然后将该字段的类型改为文本型（8 字符），最后将其删除。

```
Alter  Table  Rcda  Add 电话号码 Integer
Alter  Table  Rcda  Alter 电话号码 Char (8)
Alter  Table  Rcda  Drop 电话号码
```

（3）删除表

```
DROP TALBE <表名>
```

 删除表后，在表上定义的索引也一起被删除。

2. 数据操纵语言

使用 SQL 语言的 INSERT、UPDATE、DELETE 命令可以实现数据更新功能，包括插入记录、更新记录和删除记录。

（1）插入记录

```
INSERT  INTO <表名> [(<字段名 1>[,<字段名 2>[,…]])]
VALUES (<表达式 1>[,<表达式 2>[,…]])
```

 如果省略了字段名表，则必须为新记录中的每个字段都赋值，且数据类型和顺序要与表中定义的字段一一对应。

例 4-57 使用 SQL 语句向"Rcda"表中插入学生记录。

```
Insert  Into  Rcda(编号,姓名,性别,出生日期,政治面貌,民族,工资现状)
Values("Bj8004", "刘伟箭","男", #1960/08/23#,"党员","汉族",9000 )
```

（2）更新记录

```
UPDATE <表名> SET<字段名 1>=<表达式 1> [, <字段名 2>=<表达式 2>[, …]]
[ WHERE<条件>]
```

　　如果不带 WHERE 子句，则更新表中所有的记录。如果带 WHERE 子句，则只更新表中满足条件的记录。

例 4-58　使用 SQL 语句将 "Rcda" 表所有 "政治面貌" 中 "党员" 改为 "团员"。

```
Update  Rcda  Set 政治面貌="团员"
Where 政治面貌="党员"
```

（3）删除记录

```
DELETE FROM <表名> [WHERE <条件>]
```

　　如果不带 WHERE 子句，则删除表中所有的记录（表结构仍然存在）；如果带有 WHERE 子句，则只删除表中满足条件的记录。

例 4-59　使用 SQL 语句删除 "Rcda" 表 "政治面貌" 为 "团员" 的记录。

```
Delete  From  Rcda  Where  政治面貌="党员"
```

【小结】

　　查询是关系型数据库应用中的一个重要部分，为了适应数据存储模式的优化，所建立的数据表必然是有限的，但查询可以提供有限表上的无限应用。

　　本章的重点有两个：第一，实现查询的工具；第二，查询可以完成的功能。

　　在 Access 2010 中创建、修改查询的工具有 3 种：一是查询向导；二是查询设计器；三是 SQL 语言。这 3 种工具，从本质上讲是一致的，可它们各有特长与不足：查询向导的操作简单易学，不足是能完成的查询功能比较少；查询设计可以完成复杂的查询功能，具有大量的图形界面，使得操作直观，不足之处是操作步骤烦琐；SQL 语言查询操作快速直接，不足之处是要求用户深入掌握 SQL 语言的语法及功能。

　　使用以上 3 种查询工具，可以完成 4 种查询：条件查询、参数查询、交叉表查询、操作查询。这 4 种查询中的每一种都有特定的功能。

　　条件查询，可以实现按条件对一张或多张表中数据的查询。

　　参数查询，可以实现按用户对某一个或两个字段的指定值进行定位查询。

　　交叉表查询，可以通过查询实现一个行、列均变动的数据汇总表。

　　操作查询，可以通过查询操作成批地修改底层数据源。

习　题　四

一、填空题

1. 在 Access 中，操作查询分为_____、_____、_____、_____ 4 种。

2. 在查询设计视图中，位于 "条件" 栏同一行的条件之间是_____关系，位于不同行的条件之间是_____关系。

3. 如果要求在执行查询时通过输入的学号查询学生信息,可以采用_____查询。

4. 当使用 Select 语句时,若结果不能包含取值重复的记录,则应加上关键字_____。

5. 在 SQL 语句中,分组用_____子句,排序用_____子句。

6. 查询"学生信息"表中男生大于 19 岁的人员名单,包括"学号"、"姓名"、"性别"和"年龄",SQL 语句为_____。

7. 查询有两门功课都大于 90 分的同学的"姓名"和"学号",SQL 语句为_____。

8. 图 4-83 所示是通过_____查询实现的。

图 4-83   运行结果

9. 查询"教师信息"表教龄和婚否情况,包括"教师编号"、"姓名"、"教龄"。SQL 语句为_____。

10. 创建一个表"sy"用_____命令。

二、选择题

1. 关于查询,下列说法正确的是(   )。

    A. 已创建的查询,是可以更改查询中字段的排列次序

    B. 查询的结果不可以进行排序

    C. 查询的结果不可以进行筛选

    D. 对于已创建的查询,是可以添加或删除其数据来源的

2. 关于查询,下列说法错误的是(   )。

    A. 根据查询准则,可以从一个或多个表中获取数据并显示结果

    B. 可以对记录进行分组

    C. 可以对查询记录进行总计、计数和平均等计算

    D. 查询结果是一组数据的"静态集"

3. 在"查询"的设计视图窗口中,(   )不是设计网格中的选项。

    A. 排序   B. 显示   C. 类型   D. 准则

4. 使用向导创建交叉查询的数据源不包括(   )。

    A. 数据库文件   B. 表   C. 查询   D. 表或查询

5. 要对一个或多个表中的一组记录进行全局性地更改,可以使用(   )。

    A. 更新查询   B. 删除查询   C. 追加查询   D. 生成表查询

6. 查询向导不能创建(   )。

    A. 选择查询   B. 交叉表查询   C. 重复项查询   D. 参数查询

7. 在查询的设计视图中(   )。

    A. 只能添加查询

    B. 只能添加数据库表

    C. 可以添加数据库表,也可以添加查询

    D. 以上都不对

8. 关于查询和表之间的关系，下面说法正确的是（　　　　）。

    A. 查询的结果是建立了一个新表

    B. 查询的记录集存在于用户保存的地方

    C. 查询中所存储的只是在数据库中筛选数据的准则

    D. 每次运行查询时，系统从相关的地方调出查询形成的记录集，这是物理上就已经存在的

9. 在选择查询中，可以对数据进行操作，即统计计算，以下的操作中不能进行的是（　　　　）。

    A. 对数字字段的值进行总计   B. 对数字字段的值求最小值、最大值

    C. 对数字字段求平均值   D. 对数字字段求几何平均数

10. 在 SQL 语句中，删除表的命令是（　　　　）。

    A. Drop   B. Alter   C. Delete   D. Update

11. 在 SQL 语句中，定义表的命令是（　　　　）。

    A. Create   B. Alter   C. Delete   D. Update

12. 在 SQL 语句中，HAVING 短语必须和 （　　　　）子句同时使用。

    A. Order   B. Group   C. Where   D. 以上都可以

13. 在以下选项中，与 "Where 分数 Between 75 And 85" 等价的是（　　　　）。

    A. Where 分数>75 And 成绩<85   B. Where 分数>=75 And 分数<=85

    C. Where 分数>75 Or 分数<85   D. Where 分数>=75 Or 分数<=85

14. 从 "成绩" 表中查询没有参加考试学生的学号，下面语句正确的是（　　　　）。

    A. Select 学号 From 成绩　Where 分数=0

    B. Select 分数 From 成绩　Where 学号=0

    C. Select 学号 From 成绩　Where 分数=Null

    D. Select 学号 From 成绩　Where 分数 Is Null

15. 查询平均成绩排在前 5 名的学生姓名及平均成绩，应使用的命令是（　　　　）。

    A. Select Top 5 姓名, Avg(成绩)AS 平均成绩

        From　学生 ,成绩

        Where　学生.学号 = 成绩.学号

        Group By 姓名

        Order By Avg(成绩)Desc

    B. Select Top 5 姓名, Avg(成绩)AS 平均成绩

        From　学生 ,成绩

        Group By 姓名

        Order By Avg(成绩)Desc

    C. Select Top 5 姓名, Avg(成绩)AS 平均成绩

        From　学生 ,成绩

        Where　学生.学号 = 成绩.学号

        Order By Avg(成绩) Desc

    D. Select Top 5 姓名, Avg(成绩)AS 平均成绩

        From　学生 ,成绩

        Where   学生.学号 = 成绩.学号

        Group By 姓名

16. 以下 SQL 语句实现的功能是（   ）。

    Update 课程表 Set 学分=学分+1   Where 学分>2

    A. 查找课程表中学分增加 1 分后还小于 2 学分的课程

    B. 修改课程表中的学分字段，将其字段名称改为"学分+1"

    C. 将学分不大于 2 分的所有课程的学分上调 1 分

    D. 以上都不对

17. 下列关于空值的比较中，错误的是（   ）。

    A. Is Null   B. =Null   C. Is Not Null   D. Not Is Null

18. 在课程表中要查找课程名称中包含"计算机"的课程，对应"课程名称"字段的正确准则表达式是（   ）。

    A. "计算机"   B. "*计算机"   C. Like "*计算机*"   D. Like "计算机"

19. 在交叉表查询中有且只能有一个的是（   ）。

    A. 行标题和列标题   B. 行标题和值

    C. 行标题、列标题和值   D. 列标题

20. 若要查询学号是"S1"和"S2"的记录，可以在查询设计视图的条件栏中输入（   ）。

    A. "S1" Or "S2"   A. "S1" And "S2"

    C. In("S1" And "S2")   D. In("S1"; "S2")

三、简答题

1. 与表相比较，查询有什么优点？

2. 在 Access 中，查询可以完成哪些功能？

3. 使用查询向导、查询设计器和 SQL 语言 3 种工具创建查询各有什么特点？

4. 查询视图的方法有几种？各有什么作用？

5. 参数查询的特点是什么？

6. 如何在查询中添加计算？

7. 选择查询和操作查询有何相同与不同之处？

四、实验题

在"学生管理系统"数据库中完成以下查询设计。

1. 使用"查询向导"建立名为"学生信息"的查询，选择"学生信息"表中除"班级编号"外的所有字段。

2. 显示所有女同学的年龄。

3. 查询本月过生日的学生信息。

4. 将每条记录的姓名拆成两列："姓氏+名字"显示。

5. 统计入学成绩在 600 分以上学生的人数。

6. 统计每个院系入学分数的最高分。

7. 建立多参数查询，按输入的班级和性别查找学生信息。

8. 建立以课程作为行标题，以性别作为列标题，求各门课程男女生选课人数的交叉表。

9. 建立追加查询，将课程成绩在 40 分以下的记录追加到"补考名单"中。

10. 统计选课人数在 3 人以上（含三人）的课程号、课程名称和平均成绩。

11. 用嵌套查询查找同时选了 "1001" 和 "1002" 号课程的同学的 "学号"。
12. 查询选修 "1003" 号课程的同学信息。
13. 查询年龄最小的同学的 "学号"、"姓名"、"出生日期"。
14. 将 "学生信息" 表中学号中前四个字符 "2012" 改为 "2014"。
15. 用 SQL 命令将记录中男女生性别互换。

第 5 章 窗体

【本章导读】
窗体是建立在表或查询的基础上，用来与用户交互的数据库对象。Access 中利用窗体可以查看、输入和更改数据库中的数据。本章将介绍窗体的基本操作，包括窗体的概念和作用、窗体的类型和结构，以及窗体的创建和设置等内容。

5.1 窗 体 概 述

窗体是 Access 数据库对象之一，主要用于在数据库中显示和编辑数据、控制程序流程，以及执行指定的操作，是用户和 Access 应用程序之间的主要接口。与数据表不同，窗体本身并没有存储数据。利用窗体可以将 Access 应用程序组织起来，形成一个完整的数据库系统。

5.1.1 窗体的功能

窗体与 Windows 窗口在外观上几乎相同，最上方是标题栏和控制按钮，下方是状态栏，窗体中可以包含文本框、组合框、单选按钮等各种控件。窗体有多种形式，不同形式的窗体能够完成不同的功能。窗体中的信息主要有两类。

（1）窗体所附加的提示信息，这些信息对在窗体中显示的每一条记录都是相同的。例如，说明性的文字或图形元素，可以起到美化窗体的作用。

（2）需要处理表或查询的记录，这些信息往往与所处理记录的数据密切相关，随记录的变化而变化。

窗体的功能主要有以下几个方面。

（1）数据操作

窗体的基本功能就是数据记录的显示和维护。窗体可以以不同的风格显示数据库中的数据，可以显示、添加、修改和删除表或查询中的记录。

（2）显示信息

使用窗体显示各种提示信息，例如消息、错误和警告等。

（3）控制程序流程

窗体可以与函数、宏、过程等相结合，通过执行代码来控制程序的运行。

（4）信息交互

通过自定义对话框，接受用户的输入，并根据输入执行操作。

5.1.2　窗体的视图

Access 2010 有六种窗体视图，其名称与作用如表 5-1 所示。用户可以从不同的角度查看窗体的数据源和显示方式。窗体在不同视图中完成不同任务，通过窗体的"视图"命令可以切换不同视图。

表 5-1　　　　　　　　　　　　　　　　　　窗体视图

视图图标及名称	作用
设计视图	创建和修改窗体及控件
窗体视图	显示窗体设计结果，可以输入、编辑和查看窗体中的数据
数据表视图	显示数据表窗体
布局视图	在窗体运行状态下，直接调整和修改窗体布局
数据透视表窗体	显示数据透视表窗体
数据透视图窗体	显示数据透视图窗体

5.1.3　窗体的类型

根据窗体的工作方式或功能，可以将窗体分为不同的类型。

1. 按工作方式划分

窗体有以下几种类型。

（1）单个项目窗体　在窗体中只显示一条记录，每个字段内容的左侧有一个标签，显示字段标题，利用导航按钮可以切换记录。如果一行只显示一个字段，这样的窗体称为"纵栏式"窗体，如图 5-1 所示。

（2）表格式窗体　也称为"多个项目窗体"或"连续窗体"，在窗体中以表格形式显示多条记录，一条记录占一行，字段标题显示在每一列的顶部，如图 5-2 所示。

图 5-1　纵栏式窗体

图 5-2　表格式窗体

（3）数据表窗体　在窗体中以数据表形式显示多条记录，一条记录占一行，如图 5-3 所示。

（4）主/子窗体　也称为"父/子窗体"，在窗体中可以同时包含两个窗体，其中插入到另一个窗体中的窗体称为子窗体，被插入的窗体称为主窗体或父窗体，如图 5-4 所示。主/子窗体通常用于显示具有一对多关系的两个表或查询中的数据。

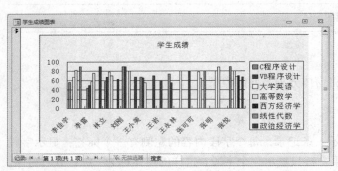

图 5-3 数据表视图

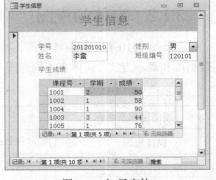

图 5-4 主/子窗体

（5）图表窗体 以图表方式显示数据表中的数据，如图 5-5 所示。

（6）数据透视表窗体 主要用于汇总和分析数据表中的数据，如图 5-6 所示。

图 5-5 图表视图

图 5-6 数据透视表视图

（7）数据透视图窗体 以图形的方式显示和分析数据表中的数据，如图 5-7 所示。

（8）导航窗体 导航窗体是一种包含导航控件的窗体，可以方便地在数据库中的各种窗体和报表之间切换，如图 5-8 所示。

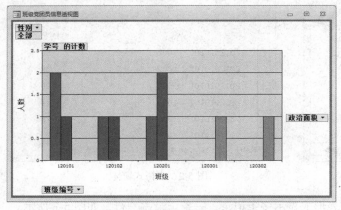

图 5-7 数据透视图窗体

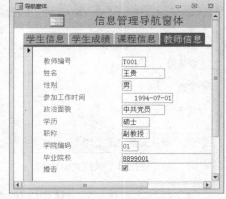

图 5-8 导航窗体

（9）分割窗体 同时提供数据的窗体视图和数据表视图，这两个视图连接到同一数据源，并且总是相互保持同步，如图 5-9 所示。

图 5-9 分割窗体

2. 按功能划分

窗体分为以下几种类型。

（1）数据操作窗体 主要用来查看、输入和编辑数据表中的数据，窗体上的控件与表中的字段相关联，属于绑定窗体，图 5-1 和图 5-2 所示的窗体均为数据操作窗体。

（2）切换面板窗体 主要用于控制应用程序的流程，如打开其他窗体或报表等，属于非绑定窗体，如图 5-10 所示。

（3）自定义对话框 用来接收用户的输入并根据输入执行相应的操作，属于非绑定窗体，如图 5-11 所示。

图 5-10 切换面板窗体

图 5-11 自定义对话框

5.2 使用工具自动创建窗体

在 Access 2010 中，在"创建"选项卡的"窗体"组中提供了多个按钮来创建窗体，大致可分为自动创建窗体、利用窗体向导创建窗体和使用设计视图创建窗体 3 种方法。自动创建窗体和利用窗体向导创建窗体是在系统的引导下完成的，方便快捷。使用设计视图创建窗体则需要根据用户的需求自行设计完成。

5.2.1 自动创建窗体

使用"自动创建窗体"可以创建基于单个表或查询的窗体，窗体中包含选定数据源中所有记录及字段，窗体布局结构简单，是创建窗体中最为快速的方法。

1. 使用"窗体"按钮创建窗体

例 5-1 使用"窗体"按钮创建窗体："学生信息窗体"，数据源为"学生信息"表。

操作步骤：

（1）打开数据库"学生管理系统"，在"导航"窗口选定"学生信息"表。

（2）单击功能区"创建"选项卡"窗体"选项组中的"窗体"按钮 ，系统自动创建窗体，并以布局视图显示，如图 5-12 所示。

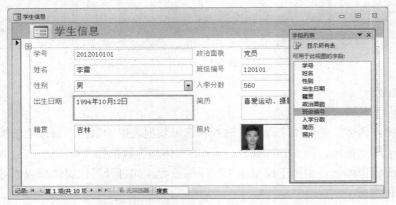

图 5-12 学生信息窗体

（3）单击"快速访问工具栏"中的"保存"按钮，在弹出的"另存为"对话框中，输入窗体的名称"学生信息窗体"，单击"确定"按钮保存窗体。

创建窗体时，在窗体的"设计视图"和"布局视图"中分别会打开"窗体设计工具"和"窗体布局工具"选项卡，这两个选项卡的功能基本相同，分别包含 3 个子选项卡："设计"、"排列"、"格式"。

下面以"窗体布局工具"选项卡为例介绍它们的功能。

① "设计"选项卡

"设计"选项卡用于窗体的设计，如添加控件、设置窗体属性、页眉和页脚的设置以及切换窗体视图等，如图 5-13 所示。

图 5-13 "设计"选项卡

② "排列"选项卡

"排列"选项卡用于设置窗体的布局，如创建表的布局、合并和拆分对象、移动对象、对象的定位和外观等，如图 5-14 所示。

③ "格式"选项卡

"格式"选项卡用于设置窗体中对象的格式，如设置对象的字体、背景、颜色，设置数字格式等，如图 5-15 所示。

图 5-14 "排列"选项卡

图 5-15 "格式"选项卡

2. 使用"多个项目"创建窗体

"多个项目"窗体是一种以数据表的形式显示多条记录的窗体，是一种连续窗体。

例 5-2 使用"多个项目"按钮创建窗体："教师信息窗体"，数据源为"教师信息"表。

操作步骤：

（1）打开数据库"学生管理系统"，在"导航"窗口选定"教师信息"表。

（2）单击功能区"创建"选项卡下"窗体"选项组中的"其他窗体"按钮🖳，在下拉列表框中选择"多个项目"按钮，系统自动创建多个项目窗体，并以布局视图显示，如图 5-16 所示。

图 5-16 教师信息窗体

（3）单击"快速访问工具栏"中的"保存"按钮，在弹出的"另存为"对话框中，输入窗体的名称"教师信息窗体"，单击"确定"按钮保存窗体。

3. 使用"分割窗体"创建窗体

"分割窗体"是在一个窗体内以两种布局形式来显示数据。窗体被分为上下两部分，上半部分以单记录方式显示数据，用于查看和编辑记录；下半部分以数据表的方式显示数据，可以快速定位和浏览记录。两种视图连接到同一数据源，并始终保持同步。

例 5-3 创建分割窗体："学生信息分割窗体"，数据源为"学生信息"表。

操作步骤：

（1）打开数据库"学生管理系统"，在"导航"窗口选定"学生信息"表。

（2）单击功能区"创建"选项卡下"窗体"选项组中的"其他窗体"按钮，在下拉列表框中选择"分割窗体"按钮，系统自动创建分割窗体，如图 5-17 所示。

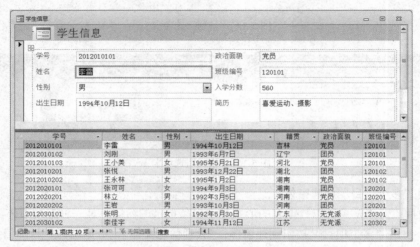

图 5-17 学生信息分割窗体

（3）单击"快速访问工具栏"中的"保存"按钮，在弹出的"另存为"对话框中，输入窗体的名称"学生信息分割窗体"，单击"确定"按钮保存窗体。

5.2.2 使用"窗体向导"创建窗体

使用"窗体向导"可以基于一个或多个数据表、查询创建窗体。创建基于一个表或查询的窗体时，可以根据需要选择字段。

例 5-4 使用"窗体向导"按钮创建窗体："课程信息窗体"，数据源为"课程信息"表，窗体中显示课程号、课程名、学分 3 个字段。

操作步骤：

（1）打开数据库"学生管理系统"，在"导航"窗口选定"课程信息"表。

（2）单击功能区"创建"选项卡下"窗体"选项组中的"窗体向导"按钮，打开"窗体向导"对话框，如图 5-18 所示。

在"表/查询"下拉列表框中可以选择数据源，这里选择"表：课程信息"，这时在左侧"可用字段"列表框中列出了所选表或查询的所有可用字段。

图 5-18 在"窗体向导"中选择数据源和字段

（3）利用按钮 ＞ ＞＞ ＜ ＜＜ ，选择字段：课程号、课程名、学分，如图 5-19 所示。

（4）单击"下一步"按钮，显示"窗体向导"的第 2 个对话框。在此对话框中选择窗体使用的布局，这里选择"纵栏表"，如图 5-20 所示。

（5）单击"下一步"按钮，显示"窗体向导"的第 3 个对话框。为窗体指定标题为"课程信息"。如果要在完成窗体的创建后，需要打开窗体查看或输入数据，则选择"打开窗体查看或输入信息"按钮；如果要调整窗体的设计，则选择"修改窗体设计"。这里选择"打开窗体查看或输入信息"，如图 5-21 所示。

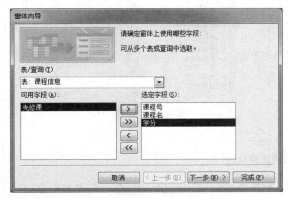

图 5-19　选择字段

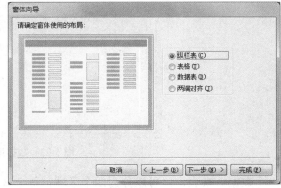

图 5-20　选择窗体使用的布局

（6）单击"完成"按钮，将窗体保存为"课程信息窗体"，创建的窗体如图 5-22 所示。

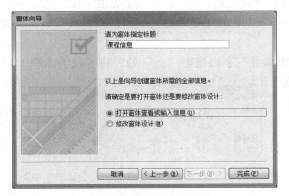

图 5-21　为窗体指定标题

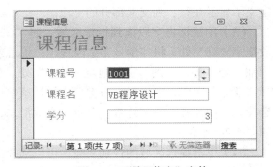

图 5-22　"课程信息"窗体

5.2.3　创建"数据透视表"窗体

数据透视表用于从数据源的选定字段中汇总信息，它可以按两个以上分类字段对其他字段进行汇总分析，例如计算求和、计数、求平均值等。使用数据透视表，可以动态更改表的布局，以不同的方式查看和分析数据。

例 5-5　使用"数据透视表"按钮创建数据透视表窗体："班级党团员统计窗体"。数据源为"学生信息"表。透视表中分类字段分别为"班级编号"和"政治面貌"，汇总字段为"学号"，汇总方式为"计数"，筛选字段为"性别"。

操作步骤：

（1）打开数据库"学生管理系统"，在"导航"窗口选定"学生信息"表。

（2）单击功能区"创建"选项卡下"窗体"选项组中的"其他窗体"按钮，在下拉列表框中选择"数据透视表"按钮，打开"数据透视表"窗体，同时打开"数据透视表字段列表"对话框，如图 5-23 所示。

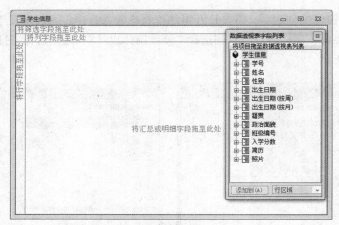

图 5-23　数据透视表设计窗口

数据透视表窗口可以分为四个区域，每个区域都称为轴。可以向轴中拖放一个或多个字段，所以也称为"拖放区域"。数据透视表的四个主要的轴分别是：行字段、列字段、筛选字段和汇总或明细字段。

行字段轴定义了数据透视表左侧的字段；列字段轴定义了数据透视表上方的字段；筛选字段轴定义了用于筛选数据透视表的字段，并且可以不在其他轴上显示这些字段；汇总或明细字段轴定义了显示在行、列交叉部分的字段。

（3）用鼠标将字段拖到指定区域：将"班级编号"字段拖至"行"处，将"政治面貌"字段拖至"列"处，将"学号"字段拖至"汇总或明细"处，将"性别"字段拖至"筛选"处。选择"学号"字段，单击鼠标右键，在快捷菜单中选择"自动计算"→"计数"命令，完成汇总，如图 5-24 所示。

（4）单击筛选区域的性别字段，可以选择不同性别进行统计，如选择"女"，则可对各班的女生政治面貌进行统计。

（5）将窗体保存为"班级党团员统计窗体"。

数据透视表的内容可以导出到 Excel，方法是：单击功能区"数据透视表工具"选项卡下"数据"选项组中的"导出到 Excel"按钮，系统将启动 Excel 并自动生成表格，可以将其保存为 Excel 文件。

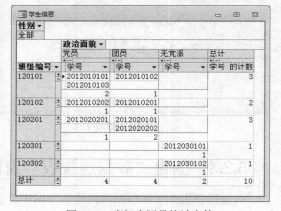

图 5-24　班级党团员统计窗体

5.2.4　创建"数据透视图"窗体

数据透视图与数据透视表的功能基本相同，不同的是数据透视图是以图形的方式显示数据汇总和统计结果，可以直观地反映数据信息。在 Access 2010 中，使用"数据透视图"向导来创建数据透视图窗体。

例 5-6　依据上例创建数据透视图窗体，统计各班党团员及无党派的男女生人数。数据源为"学生信息"表。

操作步骤：

（1）打开数据库"学生管理系统"，在"导航"窗口选定"学生信息"表。

（2）单击功能区"创建"选项卡下"窗体"选项组中的"其他窗体"按钮，在下拉列表框中选择"数据透视图"按钮，打开"数据透视图"窗体，同时打开"图表字段列表"对话框，如图5-25所示。

图 5-25 "数据透视图"设计窗口

（3）用鼠标将字段拖到指定区域：将"班级编号"字段拖至分类字段处，将"政治面貌"字段拖至系列字段处，将"学号"字段拖至数据字段处，将"性别"字段拖至筛选字段处。

（4）为图表的坐标轴命名。选中水平坐标轴的"坐标轴标题"，单击"数据透视图工具/ 设计"选项卡下"工具"组中的"属性表"按钮，打开"属性"对话框，如图5-26所示。

（5）单击"格式"选项卡并在标题文本框中输入"班级"， 则数据透视图的水平坐标轴的标题更改为"班级"；同样地，将垂直坐标轴的标题改为"人数"。

（6）选择数据透视图，单击"工具"组中的"属性表"按钮，可以打开数据透视图的"属性"对话框，可以对数据透视图进行修改和设置，如图5-27所示。

图 5-26 "属性"对话框

图 5-27 设置数据透视图属性

（7）保存窗体，输入窗体名称"班级党团员信息透视图"，完成数据透视图窗体设计，如图 5-28 所示。

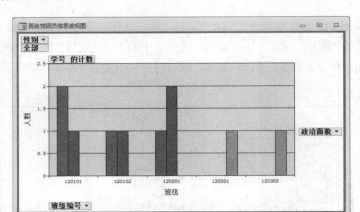

图 5-28　数据透视图

在数据透视表和数据透视图窗体中，使用左上角的筛选按钮可以分类查看数据。

5.3　使用设计视图创建窗体

利用向导可以快速、方便地创建窗体，但对于一些特殊的要求却无法实现，例如，为窗体增加说明信息，增加图像美化窗体，增加各种功能按钮等。这时可以通过"设计视图"来创建窗体，在"设计视图"下创建窗体也称为自定义窗体。

使用设计视图可以灵活地设计出个性化的、美观的窗体，也可以修改使用"自动创建窗体"和"窗体向导"创建的窗体，以满足应用需求的复杂性和多样性。

一个完整的窗体由窗体页眉、页面页眉、主体、页面页脚和窗体页脚 5 个部分组成，如图 5-29 所示。每个部分称为一个"节"，大部分的窗体只有主体节，其他的节可根据实际需要添加。

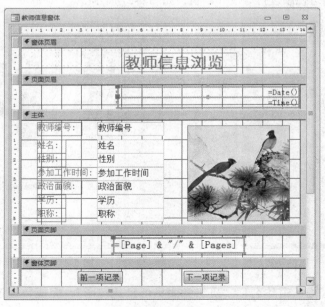

图 5-29　窗体的组成

窗体各部分的功能说明如下。

（1）窗体页眉。位于窗体的最上方，一般用于设置窗体的标题、窗体使用说明或设置命令按钮等。

（2）页面页眉。页面页眉/页脚并不实际显示在窗体中，而是在打印时分别显示在页面的上方和下方。页面页眉一般用来设置窗体在打印时页顶部需要显示的信息。例如，标题、日期或页码等。

（3）主体。主体位于窗体的中间部分，通常用来显示记录数据，是放置各种窗体控件，实现数据管理功能的主要区域。

（4）页面页脚。页面页脚一般用来设置窗体在打印时页面底部需要显示的信息。例如，汇总、日期或页码等。

（5）窗体页脚。窗体页脚位于窗体底部或打印页的尾部，一般用于显示对所有记录都要显示的内容、使用命令的操作说明等信息。也可以设置命令按钮，以便执行必要的控制。

例 5-7　在"设计视图"中创建窗体："教师信息窗体"，数据源为"教师信息"表。

操作步骤：

（1）打开数据库"学生管理系统"，单击功能区"创建"选项卡下"窗体"选项组中的"窗体设计"按钮，打开窗体设计视图，同时打开"窗体设计工具"选项卡。

（2）指定窗体数据源：单击功能区"窗体设计工具"选项卡下"工具"组中的"属性表"按钮，打开"属性表"对话框，如图 5-30 所示。

在窗体设计窗口中显示有"主体"节，其他节可根据需要添加：右键单击窗体，在弹出的快捷菜单中选择"页面页眉/页脚"和"窗体页眉/页脚"，可以展开其他节。

节的大小是可以调整的：若要调整节的高度，可将鼠标指针移在节的下边缘上，上下拖动即可；若要调整节的宽度，可将鼠标指针移在节的右边缘上，左右拖动即可；若要同时调整节的高度和宽度，可将鼠标指针移在节的右下角，沿对角线拖动即可。

在 Access 中，"属性表"对话框一般包括"格式"、"数据"、"事件"、"其他"、"全部"五个选项卡，属性的设置用于决定数据库对象的特性。这里设置窗体的记录源为"教师信息"表。一个窗体的记录源可以是一个表或一个查询，如果要创建一个使用多张表的数据的窗体，可将窗体基于一个查询。

（3）在窗体上添加字段：窗体设定了记录源后，单击功能区"窗体设计工具"选项卡下"工具"组中的"添加现有字段"按钮，弹出"字段列表"框，如图 5-31 所示。将"字段列表"框中的字段拖入窗体，如图 5-32 所示。

图 5-30　窗体设计窗口

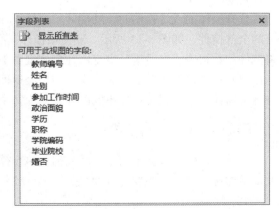

图 5-31　字段列表框

将第一个字段拖入窗体后，就可以一次选择多个字段拖动。选择字段的方法如下。

① 选择一个字段：单击该字段。

② 选择多个连续字段：单击第一个字段，按住 Shift 键，同时单击最后一个字段。

③ 选择不连续字段：按住 Ctrl 键，同时单击每一个字段。

④ 选择所有字段：双击字段列表的标题栏。

被拖入到窗体的字段包括两个部分：标签控件和文本框控件。标签控件显示说明性文字，文本框控件显示字段的内容。

选中控件，用鼠标拖动的方法可以调整控件在窗体中的位置和控件的大小。

（4）切换到窗体视图查看窗体的设计效果，如需修改，再切换到窗体设计视图。

（5）单击"保存"按钮，将窗体保存为"教师信息窗体"，结果如图 5-33 所示。

图 5-32 向窗体中添加字段

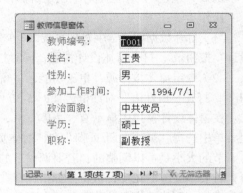
图 5-33 窗体视图

5.4 窗体基本控件及应用

控件是放置在窗体中的图形对象，自定义窗体中的所有内容都是通过控件来实现的，主要用于输入数据、显示数据和控制程序的执行。将控件和数据表建立连接后，即可通过控件实现数据管理功能。

打开窗体的设计视图时，功能区"窗体设计工具"选项卡下"控件"组中包含了窗体设计所需的全部控件，如图 5-13 所示。要使用控件，必须先将控件添加到窗体中，然后通过属性设置，将控件和数据表或字段进行绑定。在窗体视图下，数据表中的数据会通过绑定的控件显示出来。当用户对控件执行相关操作时，操作结果会返回到数据表中，从而实现用户和数据表间的交互。自定义窗体的过程就是选择不同的控件，为每个控件设计不同属性和事件的过程。

5.4.1 控件的类型

控件是窗体或报表上用于显示数据、执行操作或装饰窗体的对象。在窗体中添加的每一个对象都是控件。窗体上的控件分为三类：绑定控件、未绑定控件和计算控件。

1. 绑定控件

绑定控件也称结合型控件，与表或查询中的字段捆绑在一起，主要用于显示、输入或更新数据库中的字段值。在字段列表框中单击选中某个字段后，拖动到窗体的合适位置即可在窗体中创建绑定控件。

2. 未绑定控件

未绑定控件也称非结合型控件，没有数据来源，可以用来显示信息、线条、矩形或图像。在"控件"组中单击选中相应的控件，然后在窗体的合适位置单击即可在窗体中创建未绑定控件。

3. 计算型控件

使用表达式作为自己的数据源，表达式可以利用窗体的表或查询中的字段数据，也可以是窗体上其他控件的数据。

5.4.2　"控件"组中的控件

"控件"组中共有 20 个控件按钮，当鼠标指向某个控件按钮时，下方会显示该控件的名称。其中，"选择"按钮和"使用控件向导"按钮是辅助按钮。各个控件的名称如表 5-2 所示。

表 5-2　　　　　　　　　　　　　　　控件"组中的控件

控件按钮	名称	控件按钮	名称
	选择	xxxx	命令按钮
	使用控件向导		图像
Aa	标签		未绑定对象框
abl	文本框	XYZ	绑定对象框
XYZ	选项组		插入分页符
	切换按钮		选项卡
⊙	选项按钮		子窗体/子报表
☑	复选框	\	直线
	组合框		矩形
	列表框	✗	ActiveX 控件
	超链接		图表

各控件功能如下。

（1）选择对象。用于选取控件、节或窗体。单击该按钮可以释放前面锁定的控件。

（2）控件向导。用于打开或关闭"控件向导"。使用控件向导可以创建列表框、组合框、选项组、命令按钮、图表、子窗体或子报表等。

（3）标签。用于显示说明文本的控件。例如，窗体上的标题或指示文字。

（4）文本框。用于显示、输入或编辑窗体数据源的数据，显示计算结果，或接收用户输入的数据。

（5）选项组。复选框、选项按钮或切换按钮搭配使用，可以显示一组可选值。

（6）切换按钮。是与"是/否"型字段相结合的控件，具有弹起和按下两种状态，按下切换按钮其值为"是"，否则其值为"否"。

（7）选项按钮。具有选中和不选两种状态，作为相互排斥的一组选项中的一项，选中时圆形内有一个小黑点，代表"是"，未选中时代表"否"。

（8）复选框。具有选中和不选两种状态，作为可同时选中的一组选项中的一项，选中方框时代表"是"，未选中时代表"否"。

（9）组合框。具有列表框和文本框的特性，既可以在文本框中输入文字，也可以在列表框中选择输入项。

（10）列表框。列表框中包含了可供选择的数据列表项，和组合框不同的是，用户只能从列表框中选择数据作为输入，而不能输入列表项以外的其他值。

（11）超链接。用于创建一个超链接，与一个数据库对象、文件、网页、URL 地址等相关联。

（12）命令按钮。用于执行用户指定的操作，如运行宏、调用函数或运行事件过程等。

（13）图像。用于在窗体中显示静态图片。

（14）未绑定对象框。用于在窗体中显示非结合型 OLE 对象，例如，Excel 电子表格、声音、图像等。

（15）绑定对象框。用于在窗体中显示结合型 OLE 对象，这些对象与数据源的字段有关。在窗体中显示不同记录时，将显示不同的内容。

（16）分页符。分页符控件在创建多页窗体时用来指定分页位置。

（17）选项卡控件。用于创建多页选项卡窗体，可以在选项卡控件上添加其他控件。

（18）子窗体/子报表。用于在窗体或报表中显示来自多个表的数据。

（19）直线。用于在窗体中画直线。

（20）矩形。用于在窗体中绘制矩形，将相关的数据组织在一起，突出某些数据的显示。

（21）ActiveX 控件。单击将弹出一个 ActiveX 控件列表，可以从中选择所需要的控件源加到当前窗体内。

（22）图表。向窗体中插入图表对象。

5.4.3　向窗体中添加控件

将"字段列表"框中的字段拖到窗体中即完成了向窗体添加字段，Access 会自动为该字段结合适当的控件。例如，拖动"学生信息"表中的"姓名"字段时，Access 会自动为该字段分配一个标签控件和一个文本框控件。

下面通过实例说明向窗体中添加不同控件的方法。

1．标签控件

标签是最常用的控件之一，主要用来在窗体或报表上显示说明性文本，起到注释、提示和说明的作用。标签不显示字段或表达式的数值，它没有数据来源。

向窗体中添加标签有两种方法，一种方法是从"控件"组中使用标签控件直接创建，用这种方法创建的标签称为独立的标签，这种标签在"数据表视图"中是不显示的。另一种方法是在"字段列表"中通过拖动字段名来建立的。这时在窗体中建立了两个控件，一个是标签，用来显示字段名称。另一个根据字段类型不同可以是文本框或绑定对象框，用来显示字段的值，用这种方法创建的标签称为附加到其他控件上的标签。

2．文本框控件

文本框主要用于输入或编辑文本内容，也常用作显示数据表中的记录内容。要显示记录内容，文本框所在的窗体必须与数据表建立连接，即将窗体的"记录源"选为数据表。文本框分为 3 种类型：绑定型、未绑定型与计算型。

绑定型文本框与表、查询中的字段相结合，用来显示字段的内容。

未绑定型文本框没有和某一字段链接，一般用来显示提示信息或接收用户输入数据。

计算型文本框可以显示表达式的结果。当表达式发生变化时，数值就会被重新计算。

例 5-8 在窗体"设计视图"中，创建名为"学生信息浏览"窗体。

操作步骤：

（1）打开数据库"学生管理系统"，单击功能区"创建"选项卡下"窗体"选项组中的"窗体设计"按钮，打开窗体设计视图，同时打开"窗体设计工具"选项卡。

（2）选择窗体，打开"属性表"对话框，将"数据"选项卡中"记录源"属性设置为"学生信息"表。在打开"字段列表"框中，将"学号"、"姓名"、"性别"、"出生日期"等字段依次拖动到窗体内适当的位置，Access 根据字段的数据类型和默认的属性设置，为字段创建相应的控件，如图 5-34 所示。

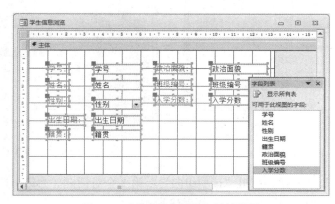

图 5-34 "学生信息浏览"设计视图

（3）右键单击窗体，在快捷菜单中选择"窗体页眉/页脚"命令，在窗体"设计视图"中添加"窗体页眉"节和"窗体页脚"节。

（4）单击"控件"组中"标签"按钮，拖动鼠标在窗体页眉处添加标签，输入标签内容"学生信息浏览"。打开"属性表"中的"格式"选项卡，设置字体和字号等属性，也可以在"窗体设计工具"的"格式"选项卡中设置。

（5）单击"保存"按钮，将窗体保存为"学生信息浏览"，如图 5-35 所示。

图 5-35 在窗体页眉设置标签

3. 复选框、切换按钮、选项按钮控件

复选框、切换按钮和选项按钮都是选择类型的控件，当选中复选框或选项按钮时，其值为"是"，不选则为"否"。对于切换按钮，按下其值为"是"，否则其值为"否"。

4. 选项组控件

选项组是一个包含了复选框、切换按钮和选项按钮等控件的框架，单击选项组中所需的值，就可以为字段选定数据值。在选项组中每次只能选择一个选项。

例 5-9 在"学生信息浏览"窗体中，创建"性别"选项组。

操作步骤：

（1）打开"学生信息浏览"窗体的"设计视图"，在主体节中删除创建好的"性别"字段，重新用选项组来创建。同时调整好其他字段的布局。

（2）单击"控件"组中的"使用控件向导"按钮。

（3）选择"选项组"按钮。在窗体上单击要放置"选项组"的位置，弹出"选项组向导"第 1 个对话框。输入选项组中的每个选项的标签名。这里分别输入"男"、"女"，如图 5-36 所示。

（4）单击"下一步"按钮，弹出"选项组向导"第 2 个对话框。确定选项组的默认选项，选择"是"，并指定"男"为默认项，如图 5-37 所示。

图 5-36 输入标签名称

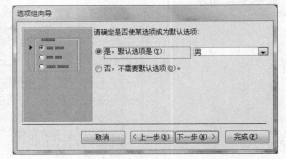

图 5-37 设置默认选项

（5）单击"下一步"按钮，弹出"选项组向导"第 3 个对话框。为每个选项赋值，这里分别为"男"、"女"选项赋值 "1"、"2"，如图 5-38 所示。

（6）单击"下一步"按钮，弹出"选项组向导"第 4 个对话框。选中"在此字段中保存该值"，并在右边的组合框中选择"性别"字段，如图 5-39 所示。

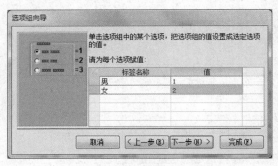

图 5-38 为每个选项赋值

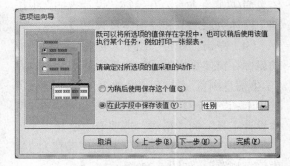

图 5-39 保存选项的值

（7）单击"下一步"按钮，弹出"选项组向导"第 5 个对话框，确定选项组选用的控件类型和样式。这里选择"选项按钮"和"蚀刻"按钮样式，如图 5-40 所示。

（8）单击"下一步"按钮，弹出"选项组向导"最后一个对话框。为选项组指定标题为"性别"，如图 5-41 所示。

（9）单击"完成"按钮，完成"选项组"控件的创建，如图 5-42 所示。

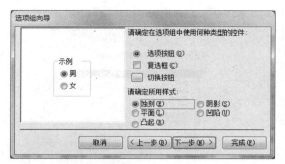

图 5-40　确定选项组选用的控件类型和样式

图 5-41　指定选项组的标题

图 5-42　完成"选项组"控件设计

5. 列表框控件

如果数据总是取自某一个表或查询中的记录，或者取自固定的内容，则可以使用列表框或组合框控件来完成。例如，在"学生信息"表中，政治面貌的值包括"群众"、"团员"和"党员"，可将这些值放在列表框或组合框中，通过点击鼠标即可完成输入。

列表框控件是一个显示多个项目的列表，用户可以选择列表项目，但不能直接修改其中的内容。列表框控件也分为绑定型和未绑定型两种。

例 5-10　在"学生信息浏览"窗体中，创建"班级编号"列表框控件。

操作步骤：

（1）打开"学生信息浏览"窗体的"设计视图"，在主体节中删除创建好的"班级编号"字段，重新用列表框来创建。同时调整好其他字段的布局。

（2）选择"控件组"中"使用控件向导"。

（3）选择"控件组"中的"列表框"按钮，单击要放置"列表框"位置。弹出"列表框向导"第 1 个对话框。在该对话框中确定列表框获取数值的方式，这里选择"使用列表框获取其他表或查询中的值"单选按钮，如图 5-43 所示。

（4）单击"下一步"按钮，在"列表框向导"第 2 个对话框中，选择为列表框提供数值的表或查询，这里选择"表：班级信息"，如图 5-44 所示。

（5）单击"下一步"按钮，在"列表框向导"第 3 个对话框，从"班级信息"表的字段中选择"班级编号"字段为列表框提供数值，如图 5-45 所示。

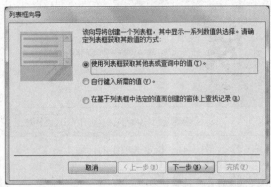
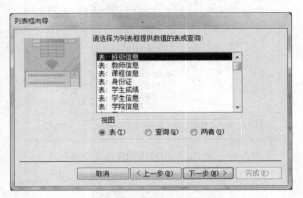

图 5-43　确定列表框获取数值的方式　　　　　图 5-44　选择为列表框提供数值的表

（6）单击"下一步"按钮，在"列表框向导"第 4 个对话框中，确定列表使用的排序次序，这里选择"班级编号"，如图 5-46 所示。

图 5-45　选定为列表框提供数值的字段　　　　　图 5-46　确定列表使用的排序次序

（7）单击"下一步"按钮，在"列表框向导"第 5 个对话框中，指定列表框的宽度。鼠标点击列表框的右边框，可以调整列表框的宽度，如图 5-47 所示。

（8）单击"下一步"按钮，弹出"列表框向导"第 6 个对话框，选择"将该数值保存在这个字段中"选项，选择"班级编号"，如图 5-48 所示。

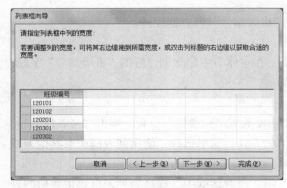
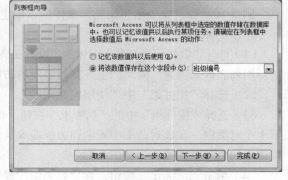

图 5-47　调整"列表框"的宽度　　　　　　　　图 5-48　选择数值保存的字段

（9）单击"下一步"按钮，弹出"列表框向导"第 7 个对话框中，为列表框指定标签："班级编号"，如图 5-49 所示。

（10）单击"完成"按钮，调整标签与列表框的位置，结果如图 5-50 所示。

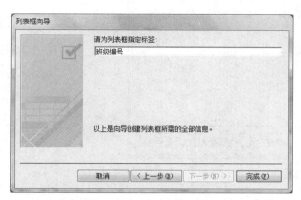

图 5-49 为列表框指定标签

图 5-50 完成"列表框"控件设计

6. 组合框控件

组合框控件是文本框和列表框功能的集成。使用列表框，用户只能从列表中选择值，而不能输入新值。组合框则不同，使用组合框，既可以从列表中选择，也可以输入文本。由此可见，组合框的应用比列表框更灵活。

组合框控件也分为绑定型和未绑定型两种。如果要保存组合框中选择的值，应该创建绑定的组合框。如果要使用组合框中选择的值来决定其他控件内容，就应该建立一个未绑定型的组合框。

例 5-11 在"学生信息浏览"窗体中，创建"政治面貌"组合框。

操作步骤：

（1）打开"学生信息浏览"窗体的"设计视图"，在主体节中删除创建好的"政治面貌"字段，重新用组合框来创建。同时调整好其他字段的布局。

（2）选择"控件"组中的"组合框"按钮，单击要放置"组合框"的位置。弹出"组合框向导"第 1 个对话框。在该对话框中确定组合框获取数值的方式，这里选择"自行键入所需的值"单选按钮，如图 5-51 所示。

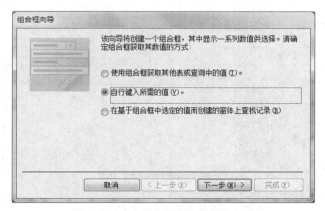

图 5-51 确定组合框获取数值的方式

（3）单击"下一步"按钮，弹出"组合框向导"第 2 个对话框。在"第 1 列"列表中依次输入"党员"、"团员"和"无党派"等值。拖动右边框可以改变组合框的宽度，如图 5-52 所示。

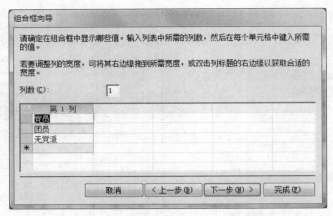

图 5-52　键入组合框中要显示的值

（4）单击"下一步"按钮，弹出"组合框向导"第 3 个对话框。选择"将该数值保存在这个字段中"单选按钮，并单击右侧向下箭头按钮，从下拉列表中选择"政治面貌"字段，如图 5-53 所示。

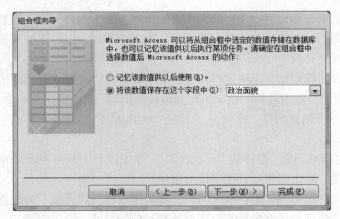

图 5-53　将数据保存在"政治面貌"字段

（5）单击"下一步"按钮，弹出"组合框向导"第 4 个对话框。在"请为组合框指定标签："文本框中输入"政治面貌"，作为该组合框的标签，如图 5-54 所示。

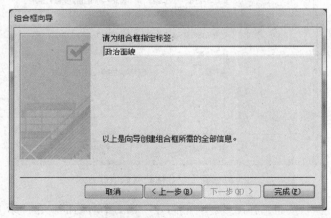

图 5-54　指定组合框标签

（6）单击"完成"按钮，组合框控件创建完成，如图 5-55 所示。

图 5-55 完成"组合框"控件设计

使用列表框和组合框可以减少用户的数据输入量，既提高了数据的输入速度，也保证了输入数据的一致性。

7. 命令按钮控件

命令按钮主要用于执行某种操作，例如运行宏、调用函数或运行事件过程等。为了让命令按钮生效，创建时必须为其指定一种操作类型。使用 Access 提供的"命令按钮向导"可以创建 30 多种不同类型的命令按钮。

窗体中的命令按钮可以执行相应的操作，这些操作分别是"记录浏览"、"记录操作"和"窗体操作"等 6 类。

例 5-12 在"学生信息浏览"窗体中创建"前一项记录"、"下一项记录"和"退出窗体"3 个命令按钮，同时在窗体中不显示系统默认的记录浏览器。

操作步骤：

（1）打开"学生信息浏览"窗体的"设计视图"。

（2）单击功能区"窗体设计工具"选项卡下"工具"组中的"属性表"按钮，打开窗体"属性表"对话框，单击"格式"选项卡，在"导航按钮"列表框中选择"否"，隐藏系统默认的窗体记录浏览按钮，如图 5-56 所示。

（3）选择"控件"组中的"命令按钮"控件，在窗体上单击要放置"命令按钮"的位置，弹出"命令按钮向导"第 1 个对话框。在对话框的"类别"列表框中，选择"记录导航"，然后在对应的"操作"列表框中选择"转至前一项记录"，如图 5-57 所示。

（4）单击"下一步"按钮，弹出"命令按钮向导"第 2 个对话框。如果要在按钮上显示文本信息，选择"文本"选项按钮，在文本框内输入"下一项记录"，如图 5-58 所示。

（5）单击"下一步"按钮，屏幕显示"命令按钮向导"第 3 个对话框。在该对话框中指定命令按钮的名称，这里输入"下一项记录"，如图 5-59 所示。

图 5-56 窗体属性对话框

图 5-57 命令按钮的选择操作对话框

图 5-58 命令上显示内容对话框

（6）单击"完成"按钮，命令按钮创建完成。"前一项记录"按钮的创建方法与此相同。

（7）创建"退出窗体"命令按钮：在"命令按钮向导"第 1 个对话框。在对话框的"类别"列表框中，选择"窗体操作"，然后在对应的"操作"列表框中选择"关闭窗体"，如图 5-60 所示。

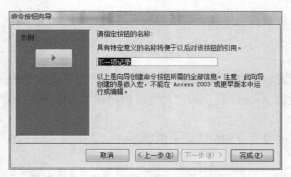

图 5-59 为命令按钮指定名称

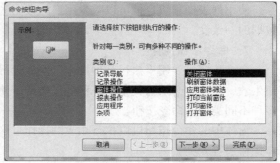

图 5-60 选择"关闭窗体"操作

（8）单击"下一步"按钮，在"命令按钮向导"第 2 个对话框中，选择在按钮上显示图片："停止"，如图 5-61 所示。

（9）单击"下一步"按钮，为命令按钮指定名称为"关闭窗体"。

（10）单击"完成"按钮，完成设计。切换到"窗体视图"中预览所创建窗体，如图 5-62 所示。

图 5-61 为命令按钮指定显示图片

图 5-62 "学生信息浏览"窗体

8. 选项卡控件

选项卡控件可以用来创建含若干选项卡（也称为"页"）的窗体，选项卡中可以包含文本框、列表框或选项按钮等控件，单击选项卡标签可以进行页面的切换。

例 5-13 创建包含选项卡的"学生成绩信息"窗体，窗体包含两页：一页显示"学生信息"，另一页显示"学生成绩"。

操作步骤：

（1）打开数据库"学生管理系统"，使用"窗体设计"方式创建新窗体。

（2）选择"控件组"中"使用控件向导"，单击"选项卡控件"按钮，在窗体上拖动鼠标画出放置"选项卡"的位置，并调整大小，如图 5-63 所示。

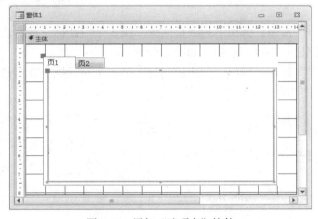

图 5-63 添加"选项卡"控件

（3）选择"控件"组中的"列表框"按钮，在选项卡的"页 1"上单击要放置"列表框"的位置，弹出"列表框向导"第 1 个对话框。选择"使用列表框获取其他表或查询中的值"，如图 5-64 所示。

（4）单击"下一步"按钮，弹出"列表框向导"第 2 个对话框。在"视图"选项组中选择"表"，在数据源列表框中选择"学生信息"表，如图 5-65 所示。

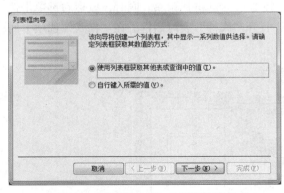
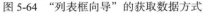

图 5-64 "列表框向导"的获取数据方式

图 5-65 选择列表框的数据源

（5）单击"下一步"按钮，弹出"列表框向导"第 3 个对话框，选择要显示的字段，如图 5-66 所示。

（6）单击"下一步"按钮，弹出"列表框向导"第 4 个对话框。在对话框中指定排序字段，这里选择"学号"字段，如图 5-67 所示。

图 5-66　选择列表框要显示的字段　　　　　　图 5-67　指定排序字段

（7）单击"下一步"按钮，弹出"列表框向导"第 5 个对话框。在对话框中可以调整列的宽度，尽量让所有字段都显示在对话框中，如图 5-68 所示。

（8）单击"下一步"按钮，弹出"列表框向导"第 6 个对话框。在对话框中设置列表框的标签为"学生信息"，如图 5-69 所示。

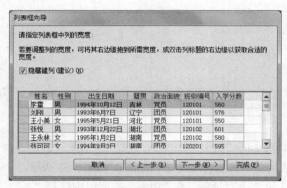

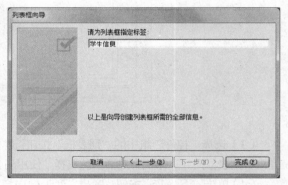

图 5-68　指定列表框的列宽　　　　　　　　图 5-69　指定列表框标签

（9）单击"完成"按钮，选择"标签"控件，按 Delete 键将其删除。同时，鼠标右键单击选项卡的"页 1"，选择快捷菜单中的"属性"命令，打开"属性"表对话框。在"格式"选项卡的"标题"属性中输入"学生信息"，如图 5-70 所示。

图 5-70　设置选项卡标题

（10）选择"列表框"控件，在"属性"对话框中，将"格式"选项卡中"列标题"的属性设置为"是"。

（11）重复步骤（4）～步骤（10），设置选项卡的"页 2"显示内容为"学生成绩"。

（12）单击工具栏上"保存"按钮，在"另存为"对话框中输入窗体的名称"学生成绩信息"，单击"确定"按钮，窗体创建完毕，如图 5-71 所示。

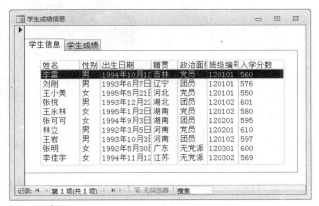

图 5-71　"学生成绩信息"窗体

9. 图像控件

图像控件主要用于在窗体中添加和显示图片，以使窗体更加美观。添加图片时可以选择嵌入或链接方式。使用嵌入方式时，图片的副本被插入窗体中，成为窗体的一部分。使用链接方式时，只创建图片和窗体之间的链接关系，当图片被更新时，更新结果也会反映到窗体中。图像控件的主要属性有图片、图片类型、超链接地址、可见性、位置及大小等，设置时可根据需要进行调整。

例 5-14　在"教师信息窗体"中添加图像以美化窗体。

操作步骤：

（1）打开"教师信息窗体"的"设计视图"。

（2）选择"控件"组中的"图像"按钮，在窗体上要放置图片的位置单击，弹出"插入图片"对话框。

（3）在"插入图片"对话框中选择图片，单击"确定"按钮将图片插入窗体中。

（4）选中图片，单击"工具"组中的"属性表"按钮，打开"图像"属性表对话框。选择"格式"选项卡，设置"图片类型"属性为"嵌入"、"缩放模式"属性为"拉伸"，如图 5-72 所示，关闭属性表对话框。

（5）用鼠标调整图像的大小（也可在属性窗口设置），放至合适的位置。单击工具栏上的"保存"按钮，窗体修改完毕，如图 5-73 所示。

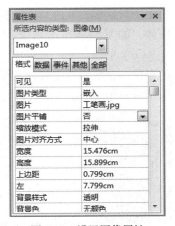

图 5-72　设置图像属性

10. 子窗体/子报表控件

如果一个窗体包含在另一个窗体中，则这个窗体称为子窗体，容纳子窗体的窗体称为主窗体。使用主/子窗体通常用于显示相关表或查询中的数据，主/子窗体中的数据源按照关联字段建立连接，当主窗体中的记录发生变化时，子窗体的相关记录也将随之改变。因此，当要显示一对多关系的表或查询时，主/子窗体特别有效。

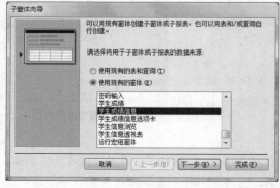

图 5-73　插入图片后的窗体

创建主/子窗体有两种方法：一种是使用向导同时创建主窗体和子窗体。另一种是分别创建主窗体和子窗体，然后将子窗体插入主窗体中。

例 5-15　创建一个主/子窗体，其主窗体显示学生的学号、姓名、政治面貌和班级编号，子窗体中显示学生的选课成绩。

操作步骤：

（1）打开数据库"学生管理系统"，在"导航"窗口选定"学生信息"表。

（2）单击"创建"选项卡下"窗体"选项组中的"窗体向导"按钮，打开"窗体向导"对话框。

（3）分别选择"学生成绩"表中的学号、成绩字段以及"课程信息"表中的课程号、课程名、学分字段，根据向导完成窗体创建，将窗体保存为"学生成绩信息"子窗体。

（4）在"设计视图"创建主窗体：在"设计视图"中，指定窗体的数据源为"学生信息"表，将学号、姓名、政治面貌和班级编号等字段拖入主体节。在窗体页眉添加标签，标题为"学生选课成绩表"。

（5）选择"控件"组中的"子窗体/子报表"控件，在窗体空白区域单击，弹出"子窗体向导"第 1 个对话框，单击"使用现有的窗体"按钮，并在列表框中选择上步刚建立的"学生成绩信息"窗体，如图 5-74 所示。

（6）单击"下一步"按钮，弹出"子窗体向导"第 2 个对话框，确定将主窗体链接到子窗体的字段。系统根据主窗体和子窗体数据源的字段给出操作提示，选择"对学生信息中的每个记录用学号显示<SQL 语句>"，如图 5-75 所示。

<table>
<tr><td></td><td></td></tr>
</table>

图 5-74　选择子窗体　　　　　　　　　　　图 5-75　确定链接字段

（7）单击"下一步"按钮，弹出"子窗体向导"第 3 个对话框，指定子窗体名称，这里选定默认名称：学生成绩信息，如图 5-76 所示。

（8）单击"完成"按钮，将子窗体插入主窗体中，调整子窗体的大小与位置，完成窗体设计，将窗体保存为"学生选课成绩"，如图 5-77 所示。

图 5-76　指定子窗体名称

图 5-77　学生选课成绩窗体

5.4.4　窗体和控件的属性

窗体和控件的属性决定了窗体及控件的结构和外观，包括它所包含的文本或数据的特性。使用"属性表"对话框可以设置属性，在选定窗体、节或控件后，单击工具栏上的"属性表"按钮，可以打开"属性表"对话框。下面简单介绍一些常用的属性。

1. 常用的格式属性

格式属性主要是针对窗体的显示格式和控件的外观而设置的。

（1）常用的控件"格式"属性

① 标题：用于设置控件中显示的文字信息。

② 特殊效果：用于设定控件的显示效果，如"平面"、"凸起"、"凹陷"、"蚀刻"、"阴影"、"凿痕"等。

③ 字体名称、字号、字体粗细、倾斜字体等：设置窗体或控件中文本的字体显示效果。

④ 背景色和前景色：属性值分别表示显示控件的底色和控件中文字的颜色。

（2）常用的窗体"格式"属性

① 标题：窗体标题栏上显示的信息。

② 默认视图：决定了窗体的显示形式，该属性值有"单个窗体"、"连续窗体"、"数据表"、"分割窗体"、"数据透视表"、"数据透视图"等选项。

③ 滚动条：决定了窗体显示时是否具有水平滚动条和垂直滚动条。

④ 记录选择器：有"是"和"否"两个选项。它决定窗体显示时是否有记录选择器，即数据表最左端是否有标志块。

⑤ 导航按钮：有"是"和"否"两个选项。它决定窗体运行时是否有导航按钮。

⑥ 分隔线：有"是"和"否"两个选项。它决定窗体显示时是否显示窗体各节间的分隔线。

⑦ 自动居中：有"是"和"否"两个选项。它决定窗体显示时是否自动居于桌面中间。

⑧ 最大/最小化按钮：决定是否使用 Windows 标准的最大化和最小化按钮。

2. 常用的数据属性

数据属性决定了控件或窗体中的数据来源，以及操作数据的规则。

（1）常用控件的"数据"属性

① 控件来源：告诉系统如何检索或保存在窗体中要显示的数据，如果控件来源中包含一个字段名，那么在控件中显示的就是数据表中该字段值，对窗体中的数据所进行的任何修改都将被写入字段中；如果设置该属性值为空，除非编写了一个程序，否则在窗体控件中显示的数据将不会被写入数库表的字段中；如果该属性含有一个计算表达式，那么这个控件会显示计算的结果。

② 输入掩码：用于设定控件的输入格式，仅对文本型或日期型数据有效。

③ 默认值：用于设定一个计算型控件或未绑定型控件的初始值，可以使用表达式生成器向导来确定默认值。

④ 有效性规则：用于设定在控件中输入数据的合法性检查表达式，可以使用表达式生成器向导来建立合法性检查表达式。

⑤ 是否锁定：用于指定该控件是否允许在"窗体"运行视图中接收编辑控件中显示数据的操作。

⑥ 可用：用于决定鼠标是否能够单击该控件。如果设置该属性为"否"，这个控件虽然一直在"窗体"视图中显示，但不能用 Tab 键选中它或使用鼠标单击它，同时在窗体中控件显示为灰色。

（2）常用的窗体"数据"属性

① 记录源：一般是本数据库中的一个数据表对象名或查询对象名，它指明了该窗体的数据源。

② 排序依据：是一个字符串表达式，由字段名或字段名表达式组成，指定排序的规则。

③ 允许编辑、允许添加、允许删除：需在"是"或"否"两个选项中选取，它决定了窗体运行时是否允许对数据进行编辑修改、添加或删除等操作。

④ 数据输入：需在"是"或"否"两个选项中选取，如果选择"是"，则在窗体打开时，只显示一个空记录，否则显示已有记录。

5.4.5 窗体与对象的事件

1. 事件

事件（Event）是在数据库中执行的一种特殊操作，对于对象而言，事件就是发生在该对象上的行为。当动作发生于某一个对象上时，其对应的事件便会被触发。例如，用鼠标单击某一控件时，会触发"单击"（Click）事件。

系统已为每个对象预先定义好了一系列的事件。例如，单击（Click）、双击（DblClick）、改变（Change）、获取焦点（GotFocus）、键按下（KeyPress）等。

当在对象上发生了事件后，应用程序就要处理这个事件，而处理的步骤就是事件过程。它是针对某一对象的过程，并与该对象的一个事件相联系。

以窗体操作为例，窗体的事件比较多，在打开窗体时，将按照下列顺序发生相应的事件：

打开（Open）→加载（Load）→调整大小（Resize）→激活（Activate）→成为当前（Current）

如果窗体中没有活动的控件，在窗体的"激活"事件发生之后仍会发生窗体的"获得焦点"（GotFocus）事件，该事件将在"成为当前"事件之前发生。

在关闭窗体时，将按照下列顺序发生相应的事件：

卸载（Unload）→停用（Deactivate）→关闭（Close）

如果窗体中没有活动的控件，在窗体的"卸载"事件发生之后仍会发生窗体的"失去焦点"（LostFocus）事件。该事件将在"停用"事件之前发生。

2. 常用的事件

Access 中的事件主要有键盘事件、鼠标事件、对象事件、窗口事件和操作事件等。

（1）键盘事件。即操作键盘所触发的事件，如表 5-3 所示。

表 5-3　　　　　　　　　　　　　　　　键盘事件

事件	触发条件
键按下	在控件或窗体具有焦点时，在键盘上按任意键时所触发的事件
键释放	在控件或窗体具有焦点时，释放一个按下的键会触发的事件
击键	在控件或窗体具有焦点时，当按下并释放一个键或键组合时会触发的事件

（2）鼠标事件。即操作鼠标所触发的事件，如表 5-4 所示。

表 5-4　　　　　　　　　　　　　　　　鼠标事件

事件	触发条件
单击	当鼠标在该控件上单击左键一次所触发的事件
双击	当鼠标在该控件上双击左键时所触发的事件 对于窗体来说，双击空白区域或窗体上的记录选定器时所触发的事件
鼠标按下	当鼠标在该控件上按下左键时所触发的事件
鼠标移动	当鼠标在窗体、窗体选择内容或控件上来回移动时所触发的事件
鼠标释放	当鼠标指针位于窗体或控件上时，释放一个按下的鼠标键时所触发的事件

（3）对象事件。常用的对象事件如表 5-5 所示。

表 5-5　　　　　　　　　　　　　　　　对象事件

事件	触发条件
获得焦点	当窗体或控件获得焦点时会触发事件
失去焦点	当窗体或控件失去焦点时会触发事件
更新前	在控件或记录用更改了的数据更新之前会触发事件。在控件或记录失去焦点，或单击"记录/保存记录"命令时会触发事件。在新记录或已存在记录上发生
更新后	在控件或记录用更改过的数据更新之后发生的事件。在控件或记录失去焦点时，或单击"记录/保存记录"命令时会触发事件。在新记录或已有的记录上发生
更改	在当文本框或组合框的部分内容更改时会触发事件

（4）窗口事件。即操作窗口时所触发的事件，如表 5-6 所示。

表 5-6　　　　　　　　　　　　　　　　窗体的窗口事件

事件	触发条件
打开	在窗体打开，但第一条记录显示之前会触发事件
关闭	在关闭窗体，并从屏幕上移除窗体时会触发事件
加载	在打开窗体，并且显示了它的记录时会触发事件，在"打开"事件之后会触发事件
卸载	关闭窗体，且数据被卸载所触发的事件

（5）操作事件。指与操作数据有关的事件，如表 5-7 所示。

表 5-7　　　　　　　　　　　　　　　操作事件

事件	触发条件
删除	当删除一条记录时，但在确认删除和实际执行删除之前会触发事件
插入前	在新记录中键入第一个字符，但还未将记录添加到数据库之前会触发事件
插入后	在一条新记录添加到数据库中之后会触发事件
成为当前	当焦点移动到一条记录，使它成为当前记录，或当重新查询窗体的数据源时会触发事件
不在列表中	当输入一个不在组合框列表中的值时会触发事件
确认删除前	在删除一条或多条记录后，但在 Access 显示一个对话框提示确认或取消删除之前会触发事件，此事件在"删除"事件之后会触发事件
确认删除后	在确认删除记录并且记录实际上已经删除，或在取消删除之后会触发事件

例 5-16　设置窗体事件，窗体如图 5-78 所示：当打开窗体时，弹出消息框"欢迎使用 Access"。鼠标单击主体节，"标签 0"背景色变为蓝色，前景色变为红色。双击主体节，"标签 1"背景色变为绿色，前景色变为红色。

操作步骤：

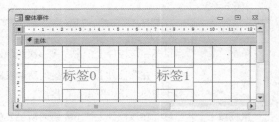

图 5-78　设置窗体事件

（1）在"数据库"窗口中，单击功能区"创建"选项卡下"窗体"选项组中的"窗体设计"按钮，打开窗体设计视图，创建窗体。

（2）在主体节中添加两个标签，将标题分别设置为"标签 0"和"标签 1"。打开"属性表"对话框，可以看到标签默认的"名称"属性分别是"Label0"和"Label1"。设置标签的"背景样式"为"常规"。

（3）选择"窗体"属性表对话框"事件"选项卡，在"打开"事件右侧的列表框中选择"[事件过程]"，如图 5-79 所示，单击右侧生成器按钮 ⊡ ，弹出 VBA 程序设计窗口，在代码窗口对应的事件过程中输入代码，如图 5-80 所示。

图 5-79　设置窗体"打开"事件

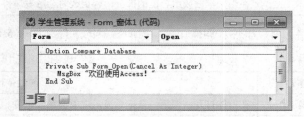

图 5-80　打开窗体的事件代码

（4）打开"主体"属性表对话框，设置"单击"、"双击"事件过程，如图 5-81 所示。代码如

图 5-82 所示。

图 5-81　设置主体的单击、双击事件　　　　　图 5-82　主体的事件代码

（5）保存窗体为"窗体事件"。打开窗体，单击、双击主体节，效果如图 5-83、图 5-84 所示。

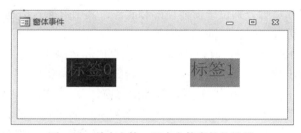

图 5-83　打开窗体事件的结果　　　　图 5-84　单击主体、双击主体事件的结果

3. 窗体的计时器触发事件

Access 可以利用系统内部的计时器计时，而且提供了定时计时器间隔的功能，可以由用户自行设置每个计时器触发事件的时间间隔。

所谓时间间隔，指的是各计时器事件之间的时间，它以毫秒（千分之一秒）为单位。对于一个设置了计时器间隔属性的窗口，每经过一段时间间隔，就会产生一个计时器触发事件（Timer）。

例 5-17　创建"字体设置"窗体：打开窗体后，每隔 0.5 秒窗体上标签的字体会自动变大。

操作步骤：

（1）在"数据库"窗口中，使用"窗体设计"按钮，打开窗体设计视图，创建窗体。

（2）在主体节中添加一个标签，将标题设置为"字体大小设置"。打开"属性表"对话框，将窗体的"记录选择器"和"导航按钮"属性都设置为"否"。

（3）选择窗体"属性表"对话框"事件"选项卡，设置"计时器间隔"的值为"500"（单位是毫秒）。在"计时器触发"事件右侧的列表框中选择"[事件过程]"，单击生成器按钮，在代码窗口对应的事件过程中输入代码，如图 5-85、图 5-86 所示。

（4）保存窗体为"字体设置"。打开窗体，标签上字体的字号每隔 0.5 秒钟就会比原来自动变大，如图 5-87 所示。

图 5-85　设置窗体的事件

图 5-86　输入代码

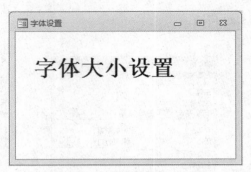

图 5-87　字体自动变大

5.5　设计页眉和页脚

页眉和页脚分别位于窗体顶部和底部，其中可插入标题、作者名、时间和日期等内容，使窗体的主体更加鲜明，版面更加完美。

例 5-18　为"教师信息窗体"添加页眉和页脚。

操作步骤：

（1）在"设计视图"打开"教师信息窗体"。在主体节中单击右键，在快捷菜单中选择"窗体页眉/页脚"命令，添加"窗体页眉"节和"窗体页脚"节。

（2）选择"控件"组中的"标签"按钮，在窗体页眉处添加标签，输入标签内容"教师信息浏览"。

（3）打开"属性表"对话框。选择标签的"格式"选项卡，设置字体名称为"幼圆"，字号为"22"，字体粗细为"浓"。

（4）选择"控件"组中的"命令按钮"控件，在窗体页脚创建"前一项记录"、"下一项记录"两个命令按钮。

（5）在主体节中单击右键，在快捷菜单中选择"页面页眉/页脚"命令，添加"页面页眉"节和"页面页脚"节。

（6）在"页面页脚"节中添加页码：选择"控件"组中的"文本框"控件，在页面页脚节中添加文本框，并输入"=[page] & "/" & [pages]"。

（7）在"页面页眉"节中添加日期和时间：在"页眉/页脚"组中选择"日期和时间"命令按钮，弹出"日期和时间"对话框，如图 5-88 所示。设置日期和时间格式，单击"确定"按钮。

（8）插入后的日期和时间文本框默认位于窗体的右上角，将其拖至页面页眉的合适位置，单击工具栏上的"保存"按钮，窗体修改完毕。结果如图 5-29 所示。

图 5-88　日期和时间对话框

"页面页眉/页脚"的设置在窗体视图中不显示，只是在打印时才显示出来。

【小结】

本章介绍了 Access 数据库中的窗体对象，主要包括窗体的组成和结构、窗体的类型和视图、窗体的创建等内容。简单的窗体可以使用自动创建窗体或"窗体向导"来创建，利用"控件"组提供的控件，可以创建自定义窗体，以满足不同的应用需求。最后介绍了窗体和控件常用的事件。

习 题 五

一、填空题

1. 窗体由多个部分组成，每个部分称为一个_____。

2. 在窗体_____视图中，可以设计窗体的结构、布局和属性。

3. 窗体中的控件分为三种类型：绑定型控件、未绑定型控件和_____。

4. 绑定的文本框显示的数据来自它所绑定的_____。

5. 为窗体上的控件设置背景颜色时，应选择属性对话框中的_____或"全部"选项卡。

6. 标签控件在窗体的_____视图中不能显示。

7. 能够唯一标识某一控件的属性是_____。

8. 计算型控件的控件来源属性必须设置为以_____开头的计算公式。

9. 当文本框中的内容发生了改变时，触发的事件是_____。

10. 创建子窗体时，需要在作为窗体数据源的两个表之间建立_____关系。

二、选择题

1. 在窗体设计视图中，必须包含的节是（   ）。

    A. 主体   B. 页面页眉和页脚

    C. 窗体页眉和页脚   D. 以上三个都要包括

2. 下列关于列表框和组合框的叙述中错误的是（   ）。

    A. 列表框和组合框可以包含一列或几列数据

    B. 可以在组合框中输入新值，而不能在列表框中输入

    C. 可以在列表框中输入新值，而不能在组合框中输入

    D. 在列表框和组合框中均可以选择数据

3. 可以作为窗体记录源的是（   ）。

    A. 表   B. SQL 查询   C. 查询   D. 表、查询或 SQL 语句

4. 完整的窗体结构由窗体页眉、页面页眉、（   ）、页面页脚、窗体页脚 5 部分组成。

    A. 主体   B. 菜单栏   C. 属性栏   D. 工具栏

5. 以下哪一项不属于窗体控件（   ）。

    A. 图像控件   B. 日期控件   C. 文本框控件   D. 矩形控件

6. 在下面（   ）类型的窗体中显示一条记录时，将记录按列分隔，每列的左边显示字段名，右边显示字段的内容。

    A. 表格式窗体   B. 数据表窗体   C. 纵栏式窗体   D. 主/子窗体

7. 下列控件中，（   ）用来显示窗体或其他控件的说明文字，而与字段没有关系。

    A. 命令按钮   B. 标签   C. 文本框   D. 复选框

8. 下列控件属于交互式控件的是（   ）。

    A. 标签控件   B. 文本框控件   C. 命令按钮控件   D. 图像控件

9. 在文本框中输入"=Now( )"，则在文本框中显示（   ）。

    A. 系统时间   B. 系统日期   C. 当前页码   D. 系统日期和时间

10. 当窗体中的内容较多而无法在一页显示时，可以分页显示，使用的控件是（   ）。

    A. 命令按钮　　　　B. 组合框　　　　C. 选项卡　　　　D. 选项组

11. 既可以直接输入文字，又可以从列表中选择输入值的控件是（   ）。

    A. 组合框　　　　B. 文本框　　　　C. 列表框　　　　D. 复选框

12. 用来显示与窗体关联的表或查询中字段值的控件类型是（   ）。

    A. 绑定型　　　　B. 关联型　　　　C. 计算型　　　　D. 非绑定型

13. 某字段为是/否型的数据，则在窗体中可以显示该数据的控件是（   ）。

    A. 标签　　　　B. 命令按钮　　　C. 复选框　　　　D. 以上都是

14. 窗体布局不包括（   ）。

    A. 纵栏式　　　　B. 新奇式　　　　C. 表格式　　　　D. 数据表

15. 若要求在文本框中输入文本时显示密码"*"的效果，应该设置的属性是（   ）。

    A. 默认值　　　　B. 输入掩码　　　C. 有效性文本　　　D. 密码

三、简答题

1. 窗体的作用是什么？

2. 窗体由哪几种视图方式？

3. 窗体由哪几部分组成？

4. 窗体的主要创建方式有哪些？

5. 有哪些常用的控件对象？各有什么用途？

6. 文本框有哪几种类型？

7. 选项组控件的作用是什么？

8. 如何创建主/子窗体？

四、实验题

在"学生管理系统"数据库中完成以下操作。

1. 建立一个名称为"学生信息"的窗体，数据源为"学生信息"表。

2. 创建一个名称为"学生成绩"的窗体，要求如下。

（1）数据源为"学生成绩"表。

（2）默认窗体设置为"连续窗体"，窗体滚动条属性设置为"只垂直"。

（3）在窗体页脚节中添加两组标签和文件框控件，分别显示当前日期和时间。

3. 建立一个名称为"教师信息"的窗体，要求如下。

（1）数据源为"教师信息"，窗体标题为"教师信息浏览"。

（2）在窗体页脚中添加 4 个导航命令按钮和四个记录操作命令按钮，实现功能为"第一条"、"上一条"、"下一条"、"最后一条"、"添加记录"、"保存记录"、"删除记录"和"撤销记录"。

4. 创建一个名称为"学生信息浏览"的窗体，要求如下。

（1）在窗体页眉节中添加标签，标题为"学生信息浏览"。

（2）在主体节中添加"选项卡"控件并包含在内 3 个页，页标题为"学生信息"、"学生成绩"和"课程信息"。

（3）在 3 个页中分别用向导方式创建列表框控件，显示来自"学生信息"、"学生成绩"和"课程信息"，并设置列表框控件的列标题属性为"是"。

第 6 章 报表

【本章导读】

在 Access 2010 中，报表是一种数据库对象。其主要功能是根据需要将数据库中的有关数据提取出来进行整理、分类、汇总和统计，并以要求的格式打印出来。

6.1 报 表 概 述

报表和窗体一样，都是由一系列控件组成的，数据来源于表、查询和 SQL 语句。但是，这两种对象是有区别的：窗体用于对数据库进行操作，可以输入、修改和删除记录；而报表只用于组织和输出数据，并按照一定的格式打印输出数据库中的内容，不可以输入、修改和删除数据。

6.1.1 报表使用的视图

Access 2010 提供了 4 种视图，帮助人们在不同时刻、不同需求情况下处理报表。这 4 种视图分别如下。

1. 设计视图

与窗体中的设计视图一样，报表的"设计视图"也是用于创建和编辑报表结构、添加控件、设置报表对象的各种属性、美化报表布局等一系列复杂操作的基本工具，也是最常用的一种视图。

2. 打印预览视图

用于预览报表打印输出的页面格式，所显示的报表布局和打印内容与实际打印结果是一致的，即所见即所得。

3. 报表视图

和打印预览视图一样，可以查看报表输出时的真实效果，但"报表视图"还兼有其他更强的功能，例如，对数据进行筛选。

4. 布局视图

用于查看、编辑报表的版面设置。它的界面几乎与"报表视图"一样，但"布局视图"还可以处理报表中的对象，如移动控件、重新布局控件的效果、删除不需要的控件、重新定义控件的属性，但不能像"设计视图"那样添加控件。

6.1.2 报表的类型

报表的类型决定了报表具有不同的输出布局。常见的报表类型有：纵栏式报表、表格式报表和标签式报表等。

1. 纵栏式报表

纵栏式报表的基本布局是：每行默认输出两列信息，一列是数据源的字段名，另一列就是该字段的值，如图 6-1 所示。

2. 表格式报表

表格式报表是最常见的一种报表输出格式。在表格式报表中数据源的每个字段独立占用一列，每列默认以字段名作为该列的标题，类似于用行和列显示的数据表，如图 6-2 所示。

图 6-1　纵栏式报表

图 6-2　表格式报表

当一页不能容纳更多字段时，报表会延续到另一页顺序输出。在表格式报表模式下，还可以将数据分成若干组，并对每组中的数据进行统计和计算。

3. 标签式报表

标签式报表的布局与生活中使用的名片结构类似，它属于一种多列报表的类型，如图 6-3 所示。

图 6-3　标签式报表

6.1.3 报表的组成

报表的结构和组成是由报表设计器决定的。报表设计器即报表的"设计视图",是设计复杂报表必须使用的工具。报表通常可以包含:报表页眉、页面页眉、组页眉、主体、组页脚、页面页脚和报表页脚 7 个组成部分,这些基本成分也称为报表节。每一个节都有其特定的用途并按照一定的顺序出现在报表中,并且不同节的内容在输出时所处的位置是不同的,即节决定了自己下属对象的实际输出位置。

新建的报表设计视图窗口只包括页面页眉、主体节和页面页脚,右键单击设计视图的空白区域,选择快捷菜单中的"报表页眉/页脚"命令,添加对应的"节",如图 6-4 所示。按此方法也可以删除相应的节,下面详细介绍各报表节的作用和功能。

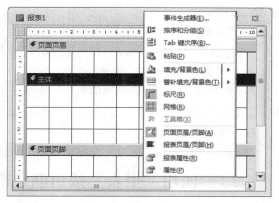

图 6-4 报表设计视图

1. 报表页眉

报表页眉是整个报表的开始部分,通常只在输出报表第一页的头部显示或打印一次,用来显示报表的封面、标题、说明性文字、图形、制作时间或制作单位等,这些信息只需要输出一次。因此每个报表只有一个报表页眉。一般位于页面页眉之前,图 6-2 的报表页眉就是"学生信息"。如果在报表页眉中放置使用"总和"类聚合函数的计算控件时,该函数将计算整个报表的总和。

2. 页面页眉

页面页眉中的内容将在报表的每一页开始处打印输出,用于显示报表每一列的标题,多为数据表的字段名,实际上页面页眉中的对象就是之前介绍过的标签控件。

报表的每一页有一个页面页眉,以保证多页输出的时候,在报表的每一页都有表头,即使用页面页眉可在每页上重复报表标题。

3. 主体

主体是报表输出数据的最主要的区域,是报表输出的关键内容,是不可或缺的部分。主体的对象本质上就是窗体中的文本框控件。这些对象的值随着记录不同输出的结果也不同,因此,它们常用于表示动态信息。页面页眉中的控件是标签控件,是一种静态信息。

4. 页面页脚

页面页脚与页面页眉对应,这里的内容在报表的每一页的底部打印输出。多数情况用于设计报表本页的汇总统计信息。

5. 报表页脚

报表页脚与报表页眉对应,它的内容仅在报表的最后一页底部打印输出。报表页脚用于显示整个报表的汇总结果或说明信息。

6.2 创 建 报 表

Access 2010 提供了多种创建报表的方式,可以通过单击功能区"创建"选项卡下的"报表"

组提供的方式创建报表，如图 6-5 所示。

图 6-5 "报表"组

1. "报表"按钮

"报表"按钮是创建报表最快捷、最方便的方式。它利用当前选定的数据表或查询自动创建报表，创建的报表效果与表格式报表类似。

2. "报表设计"按钮

"报表设计"按钮是报表设计中使用最多、最灵活的工具。它不仅可以修改、编辑其他方式创建的报表，最主要的是进入"报表设计"视图后，设计者可以通过添加各种控件对象，自己组织报表的布局。

3. "空报表"向导按钮

"空报表"向导按钮可以直接将选定的数据表字段添加到报表中的方式创建报表。

4. "报表向导"按钮

"报表向导"按钮借助向导的提示一步步完成报表的创建。"报表向导"创建的报表结构比较单一，如果想创建格局更丰富、适用多种需求的报表，可在此基础上用"报表设计"修改。

5. "标签"按钮

"标签"按钮运用"标签"向导可创建一组标签报表。

6.2.1 使用"报表"按钮创建报表

使用功能区"创建"选项卡下"报表"组中的"报表"按钮创建报表是一种最简单、最快捷的方法。该方法创建报表的过程不向用户提示信息，只要在单击"报表"按钮之前选好了报表的数据源，然后单击该按钮即可生成报表。

例 6-1 以"学生年龄"查询为数据源，利用"报表"按钮创建报表。

操作步骤：

（1）打开"学生管理系统"数据库，单击导航窗格中的"学生年龄"查询，使其呈现选定状态。

（2）单击功能区"创建"选项卡下"报表"组中的"报表"按钮，即生成如图 6-6 所示的报表。

这种方式创建的报表包含了数据源的所有数据项。缺点是布局不够美观，可在"报表设计"视图中修改。

图 6-6 "报表"按钮生成的报表

6.2.2 使用"空报表"按钮创建报表

使用"空报表"创建报表是指从一个没有结构的、完全空白的报表开始创建自己希望的报表。与窗体的操作很类似，在"空报表"视图中创建报表时，大多是通过直接拖动字段的方式向报表中添加控件，也可以用双击字段的方式向报表中添加字段。

例 6-2 利用"空报表"按钮创建"教师信息"报表。

操作步骤：

（1）打开"学生管理系统"数据库，单击功能区"创建"选项卡下"报表"组中的"空报表"按钮，打开空白报表窗口，该窗口右侧自动显示"字段列表"窗格，如图 6-7 所示。

（2）单击"字段列表"中的"显示所有表"，将展开数据表名称列表清单，如图 6-8 所示。

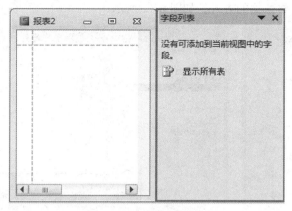

图 6-7 "空报表"视图   图 6-8 数据源列表

（3）单击"教师信息"表名前的"+"号展开相应数据表的字段列表，如图 6-9 所示。单击其中的"编辑表"链接，可以打开数据表视图，进而编辑数据表中的基础数据值。

（4）依次双击所需字段，即可将其添加到报表中，或者直接拖动字段将其放入报表。这里依次添加的是"教师编号"、"姓名"、"性别"、"政治面貌"和"职称"字段。

（5）单击"保存"按钮，保存报表的名称为"教师信息"，如图 6-10 所示。

图 6-9 展开字段列表   图 6-10 利用"空报表"建立的报表

6.2.3 使用"报表向导"按钮创建报表

使用"报表向导"创建报表，数据源不仅可以是数据表和查询，也可以是来自多个表的数据，另外还可以提供数据的分组、排序输出和报表布局样式等功能。

例 6-3 利用"报表向导"创建报表，并命名为"表格式学生成绩单"。

操作步骤：

（1）打开"学生管理系统"数据库，单击功能区"创建"选项卡下"报表"组中的"报表向导"按钮 报表向导。

（2）选定数据源（数据源可以来自一个基础数据表或查询文件，也可以来自多个基础数据表或多个查询），并确定输出字段，这里选择"学生信息"表中的"学号"、"姓名"和"性别"；"课程信息"表中的"课程名";"学生成绩"表中的"成绩"字段,如图 6-11 所示。

(3)单击"下一步"按钮,确定查看数据的方式,如图 6-12 所示

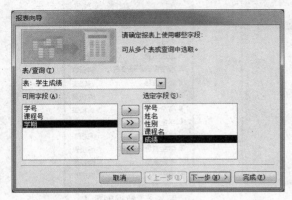

图 6-11　字段的选取

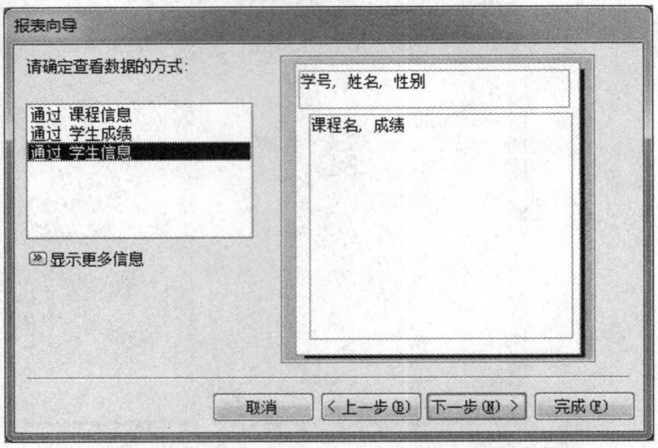

图 6-12　确定查看数据的方式

(4)单击"下一步"按钮,添加分组或取消分组,这里按"学号"分组,如图 6-13 所示。

(5)单击"下一步"按钮,确定输出顺序,这里选择"课程名",如图 6-14 所示。

图 6-13　确定分组依据

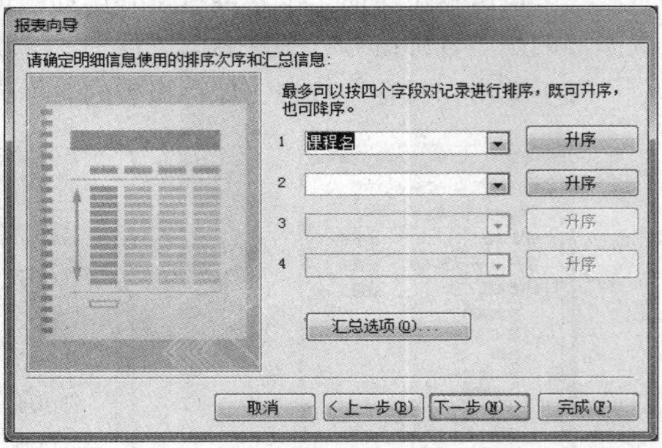

图 6-14　确定排序依据

(6)单击"下一步"按钮,确定报表的布局方式,这里选择布局为"阶梯",方向为"横向",如图 6-15 所示。

(7)单击"下一步"按钮,指定报表标题为"表格式学生成绩单",如图 6-16 所示。

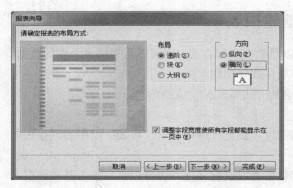

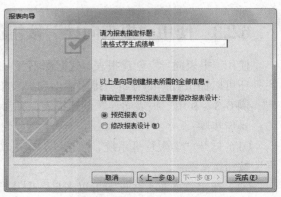

图 6-15　确定报表布局

图 6-16　确定报表标题

（8）单击"完成"按钮，生成如图 6-17 所示的报表。

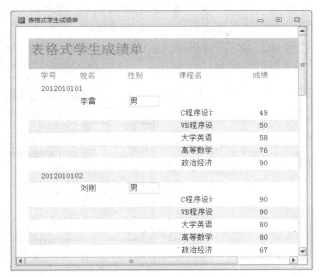

图 6-17 "报表向导"创建的报表

6.2.4 使用"标签"按钮创建报表

所谓标签报表就是利用向导从报表数据源中提取所需字段，制作成类似名片形式的报表。在实际工作中，标签报表具有很强的实用性。非常典型的就是物流管理系统中，邮寄的物品上有粘贴的邮寄地址标签。利用 Access 2010 提供的"标签"工具，可以方便、灵活地制作各式各样的标签报表。

例 6-4 以"教师信息"表为数据源，利用"标签"按钮创建标签报表，显示教师"姓名"、"性别"和"职称"信息。

操作步骤：

（1）打开"学生管理系统"数据库，在导航窗格中选定"教师信息"表，单击"创建"选项卡下"报表"组中的"标签"按钮 标签 ，打开"标签向导"的标签"型号"对话框。

（2）选择标签类型。在选择标签类型对话框中选择"英制"或"公制"单选按钮，并确定标签的型号、大小和横标签号，也可以自定义，如图 6-18 所示。

（3）单击"下一步"按钮，选择文本的字体和颜色，如图 6-19 所示。

图 6-18 指定标签大小

图 6-19 选定文本字体和颜色

（4）单击"下一步"按钮，"可用字段"列表框列出了选中表中的所有字段，双击所需字段，将其添加到"原型标签"列表框中。本例选中教师"姓名"、"性别"和"职称"三个字段。标签中的字段名称可在该对话框的"原型标签"列表框中分别输入"教师姓名"、"性别"和"职称"。分别将可用字段添加到相应的字段名称之后，如图 6-20 所示。

（5）单击"下一步"按钮，在字段排序对话框中将"可用字段"列表框中的"教师姓名"字段移动到"排序依据"列表框中，如图 6-21 所示，这里的排序依据是"教师编号"。

图 6-20　选择标签内容

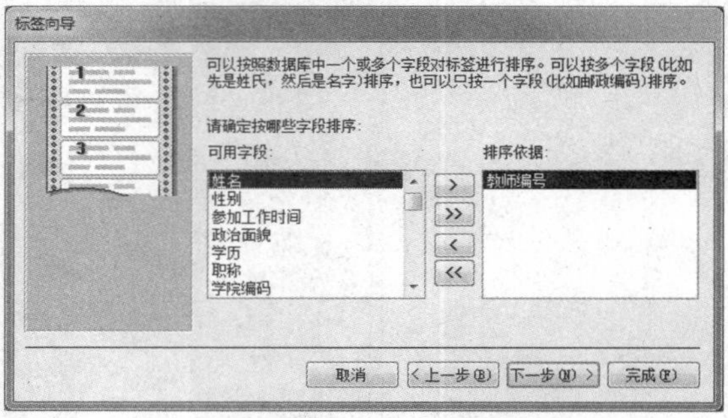

图 6-21　指定标签的排序依据

（6）输入报表名称"教师情况标签"，选择"查看标签的打印预览"单选按钮，单击"完成"按钮，如图 6-22 所示。

（7）预览该标签，结果如图 6-23 所示。

图 6-22　指定标签报表的名称

图 6-23　标签报表预览

此时，可以看出所做的标签报表和图 6-3 的报表有差异，可以在"报表设计"视图中进行修改。

6.2.5　使用图表向导创建报表

以上创建的报表大都以数据形式为主。如果要更加直观地将数据以图表的形式表示出来，就可以使用图表向导创建报表。图表向导功能强大，提供了几十种图形供用户选择。

例 6-5　利用图表向导创建以"学生信息"表为数据源的图表报表。

操作步骤：

（1）打开"学生管理系统"数据库，单击功能区"创建"选项卡下 "报表"组中的"报表设计"按钮，创建一个空报表。

（2）进入设计视图，打开"控件向导"，然后在"控件"组中选择"图表"控件，在主体节中拖曳出一个图表对象区域，同时系统会打开"图表向导"对话框。

（3）在"图表向导"对话框的"视图"选项区域中选择要作为报表数据来源的表或查询。在"请选择用于创建图表的表或查询"列表框中选择"表：学生信息"，如图 6-24 所示，单击"下一步"按钮。

（4）"可用字段"列表框中列出了选中表的所有字段，双击所需字段，将它添加到"用于图表的字段"列表框中，本例选择"姓名"、"班级编号"和"入学分数"三个字段，如图 6-25 所示，单击"下一步"按钮。

图 6-24　图表向导对话框

图 6-25　选择字段

（5）在选择图表样式对话框中选择"柱形图"类型，如图 6-26 所示，单击"下一步"按钮。

（6）设置布局，将选择的字段按图表中布局的方式布局，如图 6-27 所示，单击"下一步"按钮。

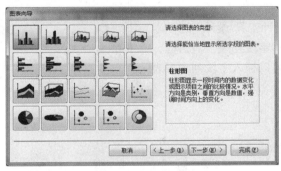

图 6-26　选择图表类型

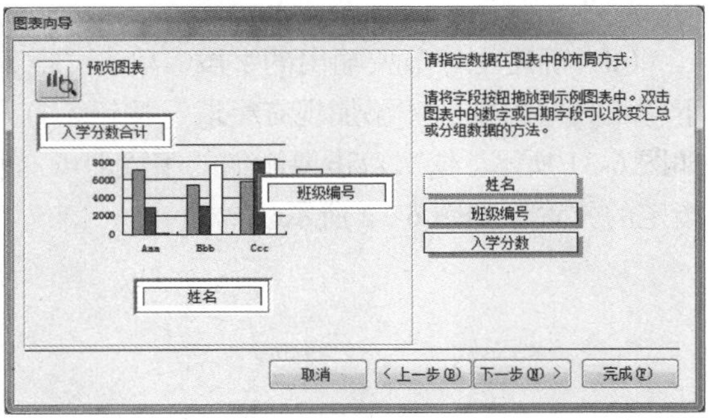

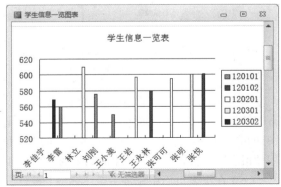

图 6-27　设置布局

（7）输入报表标题"学生信息一览表"，如图 6-28 所示，单击"完成"按钮。

（8）单击保存按钮，在保存对话框中输入"学生信息一览图表"，切换到"打印预览"视图，可以看到如图 6-29 的运行结果。

图 6-28　输入标题

图 6-29　图表式报表运行结果

6.3 使用"报表设计"创建报表

使用"报表设计"可以按用户的需要设计更丰富的报表布局、规划数据在页面上的打印位置以及添加报表所需要的其他控件。"报表设计"还可以修改那些利用"报表"、"报表向导"等创建的报表，使其布局更加符合用户的需求。

例 6-6 利用"报表设计"创建报表。数据源为"学生信息"表，报表名称为"学生情况报表"。

操作步骤：

（1）打开"学生管理系统"数据库，单击功能区"创建"选项卡下"报表"组中的"报表设计"按钮 ▉，系统将自动创建一个空白报表。

（2）右键单击空白报表，选择快捷菜单中的"报表页眉/页脚"选项，添加"报表页眉"和"报表页脚"。

（3）确定数据源。数据源可以是数据库中的表，也可以是已经创建好的查询，甚至可以是具体的 SQL 语句。在空白报表中，打开报表的"属性表"窗口，设置报表属性。将"数据"选项卡中"记录源"属性设置为"学生信息"表，如图 6-30 所示。

图 6-30　确定数据源

（4）确定主体节要输出的字段。单击"报表设计工具/设计"选项卡下"工具"组中的"添加现有字段"按钮，打开"字段列表"对话框，如图 6-31 所示。依次双击要添加的字段即可。也可以拖入字段列到报表指定的位置。如图 6-32 所示。

图 6-31　字段选择

图 6-32　选取字段后的报表设计视图

（5）此时形成的报表布局和纵栏式报表相似，如果想输出表格式的报表，需选中主体节中的所有控件，单击功能区"报表设计工具/排列"选项卡下"表"组中的"表格"按钮，此时报表设计视图如 6-33 所示。设计者也可手工将需要的对象移动到相应的节，不过比较麻烦。由此也可以看出，用"报表"、"报表向导"等生成初步的格局，再由"报表设计"编辑修改格局更好。

（6）在报表页眉中添加一个"标签"控件，设置其标题为"学生情况报表"。调整控件的大小和主体节的高度。

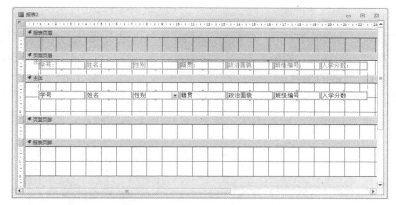

图 6-33　调整控件后的报表设计

（7）保存为"学生情况报表"，单击"视图"中的"打印预览"视图，效果如图 6-34 所示。

图 6-34　学生情况报表

6.3.1　报表的格式修饰

1. 定义字体、字号、背景等格式

例 6-7　修改例 6-6 中"学生情况报表"报表，效果如图 6-35 所示。

图 6-35　报表修饰

操作步骤：

（1）在"报表设计"视图中打开"学生情况报表"，单击报表页眉，选择形状填充或打开"属性表"窗口，选择合适的颜色，如图 6-36 所示。也可在报表页眉处右键单击，选择快捷菜单中的"填充/背景色"，选择合适的颜色。

（2）选择报表页眉处标题为"学生情况报表"的标签，右键单击选择快捷菜单中的"属性"，打开属性表窗口，设置标签的字体、字号、背景色和背景样式等属性，如图 6-37 所示。

图 6-36 设置报表页眉背景

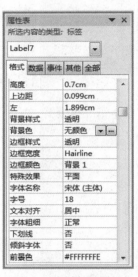

图 6-37 设计标签属性

（3）设置页面页眉的颜色和页面页眉中的标签，去掉所有标签控件中的冒号，并全选所有标签，设置字体、字号、前景色、背景色和背景样式属性等；设置页面页眉的颜色为合适的颜色，如图 6-38 所示。

（4）单击报表主体区域，再单击"报表设计工具/格式"选项卡下"背景"组中的"可选行颜色"按钮，选择合适的颜色，如图 6-39 所示。

（5）全选页面页眉和主体节中的控件，在"控件格式"组中单击"形状轮廓"，选择"透明"，如图 6-40 所示。

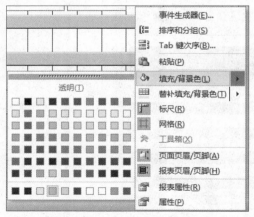

图 6-38 设置页面页眉的颜色

图 6-39 设计主体区隔行颜色

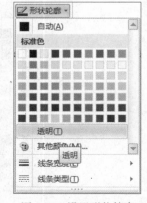

图 6-40 设置形状轮廓

（6）保存报表并在"打印预览"视图中预览。

 　　报表的格式修饰有很多种方法，比如可以设置"网格线"，还可以用"控件"组中的控件等。在"报表设计工具"中，包括"设计"、"排列"、"格式"和"页面设置"4个选项卡，它们能进一步美化报表设计。

2. 定义输出数据的条件格式

在报表输出的大量数据中，如果希望一些数据有别于其他的数据的输出格式，这时需要对这批数据定义条件格式。

例 6-8　对例 6-7 完成的"学生情况报表"做修改，使入学分数在 570 分以下（含 570 分）的"入学分数"字段以加红色背景、字体加粗并加下画线的方式显示，600 分以上以字体加粗并倾斜方式显示。

操作步骤：

（1）以"布局视图"方式打开例 6-7 的报表，单击入学分数列（定义条件格式的字段）的任意单元格。

（2）单击功能区"报表布局工具/格式"选项卡下"控件格式"组中的"条件格式"按钮，打开"条件格式规则管理器"对话框，如图 6-41 所示。

图 6-41　条件格式管理器对话框

（3）单击"新建规则"按钮，启动"新建规则"对话框，按图 6-42 的样式定义规则。条件规则按定义顺序依次显示在"规则"列表中，多个规则之间为"或"关系。还可以调整规则的顺序。定义完成后，如图 6-43 所示。

图 6-42　新建格式对话框

（4）单击"确定"按钮，含条件格式的报表预览效果如图 6-44 所示。

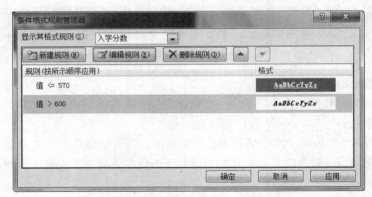

图 6-43　多条件格式定义效果

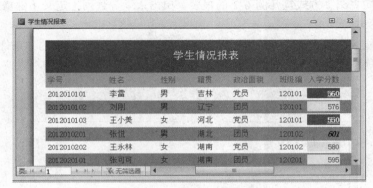

图 6-44　条件格式输出效果

3. 报表的页码处理

当报表数据源含有大量数据时，报表就要输出到多页打印纸上，此时，页码的输出就显得很重要。使用"报表向导"创建的报表会自动输出页码，其他方式创建的报表需要人工添加。

例 6-9　在例 6-8 的"学生情况报表"报表中添加页码，并在报表页眉加入"徽标"。

操作步骤：

（1）在报表设计视图中或布局视图中打开例 6-8 设计的"学生情况报表"。

（2）确定页码格式的输出位置：本例选择将页码放在页面页脚。单击功能区"报表设计工具/设计"选项卡下"页眉/页脚"组中的"页码"按钮，打开"页码"对话框，选择页码格式和页码位置，并确定页码的对齐方式，如图 6-45 所示。也可以用文本框控件的方法在报表合适的位置加入页码或时间，具体内容如表 6-1 所示。

（3）单击"控件"组中的"图像"按钮，在报表页眉处拖曳出合适的大小，根据提示选择合适的"徽标"即可，如图 6-46 所示。

（4）在打印预览视图中预览，效果如图 6-47 所示。

图 6-45　页码格式设置

表 6-1　　　　　　　　　　　　常用的页码和时间格式

格式	显示文本
="共 " & [Pages] & " 页，第 " & [Page] & " 页"	共 M 页，第 N 页
=第 " & [Page] & " 页"	第 N 页
=Date()	日期
=Time()	时间

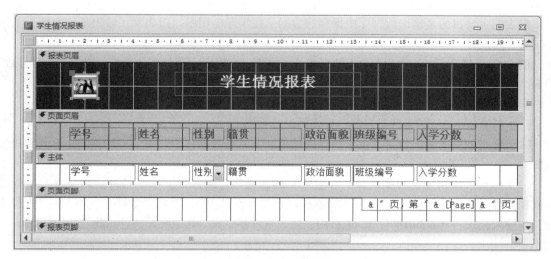

图 6-46　报表设计视图

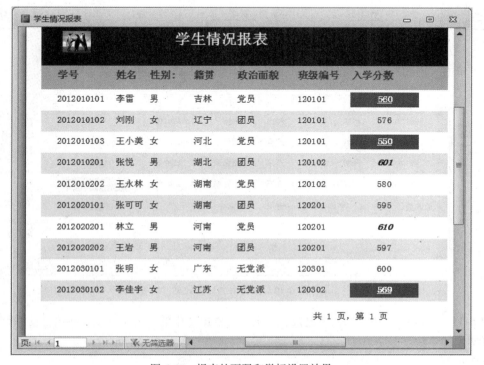

图 6-47　报表的页码和徽标设置效果

在报表设计中，也可以通过添加线条或矩形来修饰版面，以达到一个更好的显示效果。这些方法和在窗体中添加其他控件的方法类似，如果想添加直线，单击"直线"控件，用"Shift"+拖动的方式就可以添加一条水平线或一条垂直的线，如果是矩形的话用此方法可以添加一个正方形。再对其进行属性设置，可改变其线条宽度、线条形状和颜色等。

6.3.2　报表中的计算

报表的主要目的是输出数据库中保存的数据。在实际应用中，报表除了输出基础数据，常常还需要含有统计计算的结果。

例 6-10　修改例 6-9 中的"学生情况报表"报表，在报表中添加汇总数据，输出"入学分数"的最高分，最低分、平均分和总人数。

操作步骤：

（1）打开例 6-9 "学生情况报表"报表的设计视图。

（2）确定数据的输出位置：由于统计的结果涉及所有数据，因此需要将计算结果放置到报表页脚。

（3）添加、编辑统计数据对象：在报表页脚的适当位置添加文本框控件，定义文本框标签附属项控件的标题为"总人数"。双击文本框打开属性表对话框，并在"数据"选项卡的"控件来源"中输入公式：=Count([学号])，也可用表达式生成器完成。其他统计信息和此类似，如图 6-48 所示。

图 6-48　报表中的数据计算

（4）单击"视图"组中"打印预览"按钮，运行结果如图 6-49 所示。

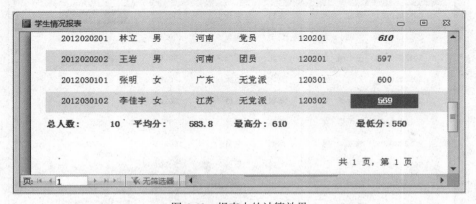

图 6-49　报表中的计算效果

例 6-11　修改例 6-10 "学生情况报表"报表，根据学生的"出生日期"字段，使用计算控件来计算学生的年龄。

操作步骤：

（1）打开例 6-10 中"学生情况报表"报表的设计视图。

（2）确定数据的输出位置：在主体区"籍贯"后添加文本框控件，命名"年龄"，把其附属的标签控件移到对应的页面页眉位置，改其标题属性为"年龄"。

（3）选择"年龄"控件，打开属性表，将其控件来源设为"=Year(Date())-Year([出生日期])"，并修改其"文本对齐"属性为"居中"，如图 6-50 所示。此时的设计视图如图 6-51 所示。

图 6-50 年龄字段属性设置

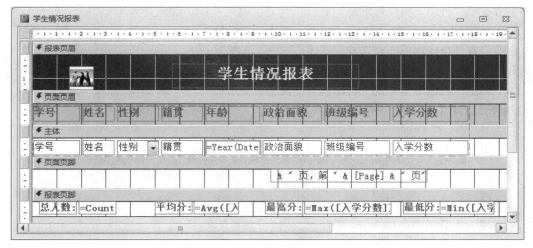

图 6-51 生成年龄字段的设计视图

（4）单击"视图"组中的"打印预览"按钮，如图 6-52 所示。单击保存按钮保存。

图 6-52 计算年龄后的报表效果

注意 计算控件的控件来源必须是等号"="开头的计算表达式。

6.3.3 报表的排序和分组

数据表中记录的排列顺序是按照输入的先后顺序排列，即按照记录的物理顺序排列。有时，需要将记录按照一定特征排列，这就是排序。用户在输出报表时，需要把同类属性的记录排列在一起，这就是分组。完成了报表主体的设计之后，可以在报表中指定按某字段排序和分组，为分组设计做准备。

1. 排序

例 6-12 修改例 6-11 中"学生情况报表"报表，将其记录按"入学分数"降序输出。

操作步骤：

（1）打开例 6-11 中"学生情况报表"报表的设计视图。

（2）单击"报表设计工具/设计"选项卡下"分组和汇总"组中的"排序与分组"按钮 ，在窗体下方显示"分组、排序和汇总"窗口。

（3）单击"添加排序"按钮 ，选择"入学分数"字段，在"排序次序"栏选择"降序"选项（系统默认为升序），如图 6-53 所示。

（4）单击"视图"组中的"打印预览"按钮，显示如图 6-54 所示。单击"保存"按钮保存。

图 6-53 添加排序字段

学号	姓名	性别	籍贯	年龄	政治面貌	班级编号	入学分数
2012020201	林立	男	河南	22	党员	120201	*610*
2012010201	张悦	男	湖北	21	团员	120102	*601*
2012030101	张明	女	广东	22	无党派	120301	600
2012020202	王岩	男	河南	21	团员	120201	597
2012020101	张可可	女	湖南	20	团员	120201	595
2012010202	王永林	女	湖南	19	党员	120102	580

图 6-54 排序后报表预览效果

2. 分组

报表分组是指将具有共同特征的相关记录组成一个集合，在显示或打印时将它们集中在一起，并且可以为同组记录设置汇总信息。利用分组可以提高报表的可读性和信息的利用率。

在设计报表分组时，关键要设计好两个方面：一是要正确设计分组所依据的字段及其组属性，保证报表能正确分组；二是要正确添加"组页眉"和"组页脚"中所包含的控件，保证报表美观实用。

分组可以对一个字段进行，也可以对多个字段进行，最多可以对 10 个字段或表达式进行分组。在对报表进行分组时，可以添加组页眉或组页脚。组页眉通常包含报表数据分组所依据的字段，称为分组字段，而组页脚通常用来计算每组的总和或其他汇总数据。它们不一定成对出现。

例 6-13　修改例 6-12 中"学生情况报表"报表，将"学生情况报表"按"班级编号"进行分组统计，并求出每班的入学平均分。

操作步骤：

（1）打开例 6-12 中"学生情况报表"报表的设计视图。

（2）单击报表"设计"选项卡下"分组和汇总"组中的"分组和排序"按钮，在窗体下方显示"分组、排序和汇总"窗口。

（3）单击"添加组"按钮[ⁱ≡ 添加组]，选择"班级编号"，并按"班级编号"升序排列。设置"班级编号"字段有组页眉和组页脚，（把"班级编号"分组放在"入学分数"排序的上面），如图 6-55 所示。

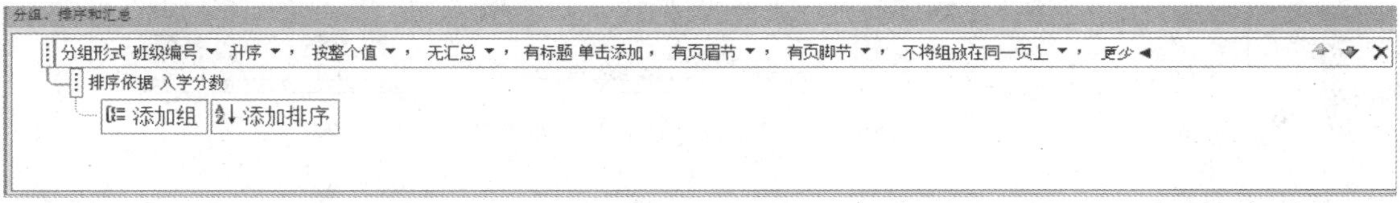

分组、排序和汇总

| 分组形式 班级编号 ▼ 升序 ▼，按整个值 ▼，无汇总 ▼，有标题 单击添加，有页眉节 ▼，有页脚节 ▼，不将组放在同一页上 ▼，更少 ◀ |

排序依据 入学分数

[ⁱ≡ 添加组] [↓ 添加排序]

图 6-55　"分组、排序和汇总"窗格设计

（4）调整报表设计视图：把"班级编号"标签和"班级编号"文本框放在组页眉处，调整其他控件到合适位置。

（5）在组页脚处添加计算控件，求出各班的入学平均分，如图 6-56 所示。设置控件的"文本对齐"属性为"居中"，使"平均分数"居中显示；设置其"小数位数"属性为"1"，保留一位小数。

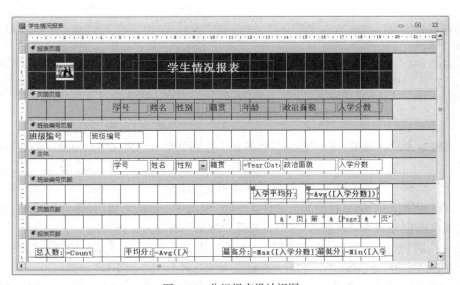

图 6-56　分组报表设计视图

（6）单击"视图"组中的"打印预览"按钮，显示结果如图 6-57 所示。单击"保存"按钮保存。

例 6-14　修改例 6-13 中"学生情况报表"报表，对所有记录先按"班级编号"字段再按"性别"字段进行两级分组，并分别统计每个班男女生人数，男女生所占百分比。

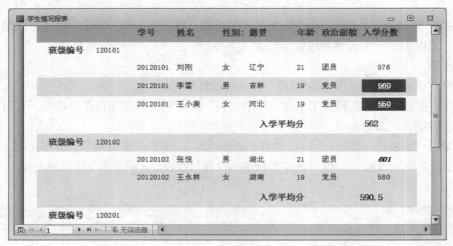

图 6-57　分组设计报表显示结果

操作步骤：

（1）打开例 6-13 的设计视图。

（2）单击功能区"报表设计工具/设计"选项卡下　"分组和汇总"组中的"分组与排序"按钮，在窗体下方显示"分组、排序和汇总"窗口。

（3）单击"添加组"按钮，选择"性别"，并按"性别"升序排列。设置"性别"字段有组页眉和组页脚，如图 6-58 所示。（把"性别"分组放在"班级编号"排序的下面，"入学分数"排序的上面。）

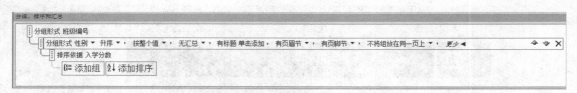

图 6-58　添加分组

（4）调整报表设计视图：把"性别"标签和"性别"文本框放在组页眉处，调整其他控件到合适位置。

（5）在"性别"页脚处添加计算控件，求出男女生人数和所占百分比。

①　先在"班级编号"组页脚添加一个计算控件，求出每个班的人数。计算表达式为"=Count([学号])"，并将文本框命名为"人数总计"，设置其"可见"属性为"否"。

②　在"性别"页脚处添加一个文本框，用来统计男女生人数。将文本框附属标签改为"小计"，文本框计算表达式为"=Count([学号])"，并将文本框命名为"人数小计"。

③　在"性别"页脚处再添加一个文本框，用来统计男女生人数百分比。将文本框附属标签改为"所占百分比"，文本框计算表达式为"=[人数小计]/[人数总计]"，设置文本框"格式"属性为"百分比"，"小数位数"为"1"，即保留一位小数，"文本对齐"为"居中"显示，如图 6-59所示。

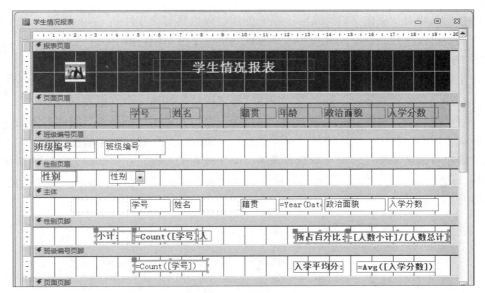

图 6-59　二级分组设计视图

（6）单击"视图"组中的"打印预览"按钮，显示结果如图 6-60 所示。单击保存按钮保存。

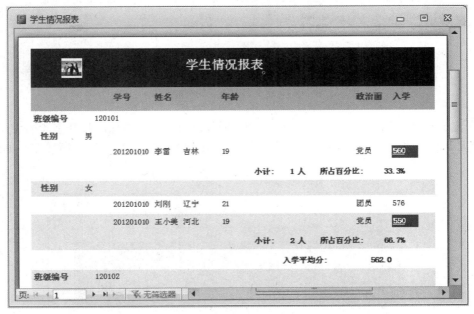

图 6-60　二级分组显示结果

6.3.4　高级报表设计

1．创建具有参数查询功能的报表

前面介绍的各种报表都是将数据库后台的数据以各种组织形式放入报表，以供用户浏览。这些报表中的数据源都是创建报表时或创建报表前就已经准备好的内容。因此，报表预览或打印过程输出的数据是相对"固定"的，实际上报表使用过程也具有交互性。

在查询中讲过参数查询，同样报表也具有此功能，下面举例讲解。

例 6-15 按输入的"学院名称"输出该学院的招生情况。

操作步骤：

（1）打开"学生管理系统"数据库，使用"报表设计"创建一个空报表。

（2）定义报表的数据源：在空报表的"属性表"窗口，单击"记录源"属性右侧的⋯按钮，打开"查询生成器"窗口。依次添加"学院信息"、"班级信息"和"学生信息"表。

（3）确定查询所需字段，定义参数查询条件并生成新的查询。在"学院名称"的条件行输入查询条件：[请输入学院名称]，如图 6-61 所示。关闭查询生成器，在弹出询问"是否保存对 SQL 语句的更改并更新属性"的对话框中选择"是"。

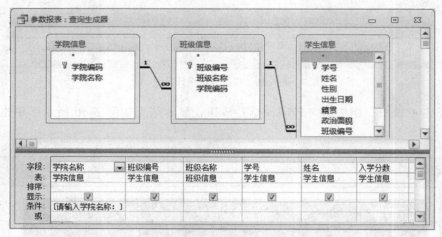

图 6-61　定义参数报表的查询条件

（4）定义报表布局：单击"工具"组中的"添加现有字段"按钮，打开字段列表窗格，将"学院名称"字段拖入页面页眉，依次把其他字段放入主体节。并调整布局视图，如图 6-62 所示。

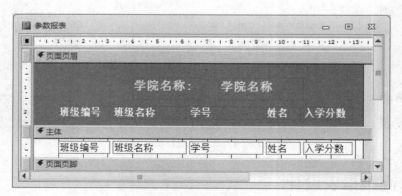

图 6-62　定义报表布局

（5）修饰报表，并保存为"参数报表"。切换到打印预览，弹出如图 6-63 所示对话框，输入参数"国际贸易学院"，预览效果如图 6-64 所示。

图 6-63 输入报表参数   图 6-64 参数报表结果

2. 创建主/子报表

在设计报表时，可以将一个报表放入到另一个报表中，从而形成报表的嵌套。被插入的报表称为子报表，包含子报表的报表称为主报表。通常情况，主报表是一对多关系中的一方，子报表是多方的数据表。

例 6-16 创建包含"学号"、"姓名"、"课程号"、"课程名"、"学分"和"成绩"信息的学生成绩单报表。

操作步骤：

（1）打开"学生管理系统"数据库，使用"报表设计"创建一个空报表。

（2）定义报表的数据源：在空报表设计视图中，打开报表"属性表"窗口中，选择"数据"选项卡，将"记录源"属性设置为"学生信息"。

（3）单击"工具"组中的"添加现有字段"按钮，打开"字段列表"框，依次双击"学号"和"姓名"字段，如图 6-65 所示。

（4）关闭"字段列表"框，调整主体节中的控件到合适位置。

（5）单击"控件"组中的"子窗体/子报表"按钮▦，在窗体的主体节中拖拉出适当的大小，此时弹出如图 6-66 所示的对话框，选中"使用现有的表和查询"单选按钮。

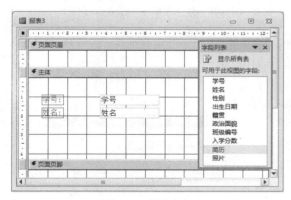

图 6-65 添加字段   图 6-66 选择建立子报表的数据来源

（6）单击"下一步"按钮，弹出 6-67 所示的对话框，选择合适的字段。

（7）单击"下一步"按钮，弹出 6-68 所示的对话框，单击"下一步"按钮。

（8）在弹出的对话框中给出合适的名字，也可以用默认名，单击"完成"按钮，此时设计视图如图 6-69 所示。

图 6-67 选择建立子报表的字段

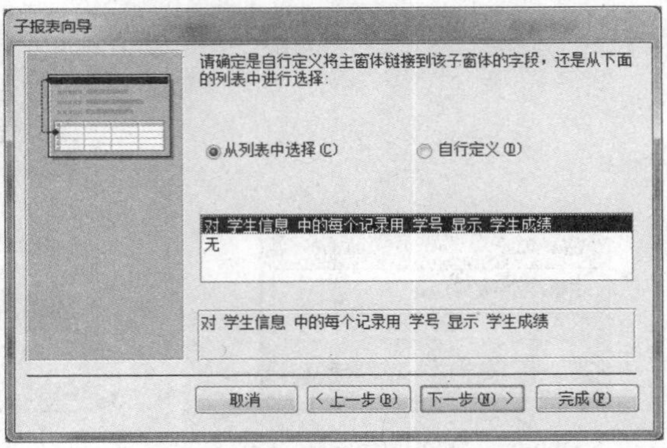

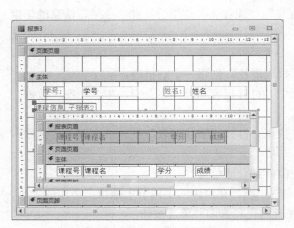

图 6-68 确定主/子报表中的链接

（9）删除子报表的附带标签，并修饰报表，在主报表的页面页眉添加标签按钮，并设置其标题为"学生成绩单"，如图 6-70 所示。

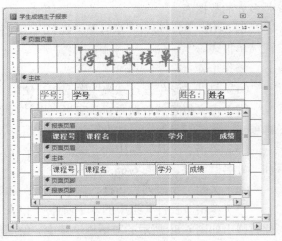

图 6-69 主/子报表设计视图

图 6-70 修饰过的主子报表设计视图

（10）单击"保存"按钮，报表命名为"学生成绩主子报表"。切换到"打印预览按钮"，显示结果如图 6-71 所示。

例 6-17 修改例 6-16 中"学生成绩主子报表"，显示每个学生的选课门数及所修课程平均分数。

操作步骤：

（1）打开例 6-16 中"学生成绩主/子报表"设计视图。

（2）在子报表的报表页脚处添加两个文本框：一个用来计算选课门数，公式为"=Count([课程号])"；另一个用来计算平均分，公式为"=Avg([成绩])"。如图 6-72 所示。

（3）对所添加的控件进行修饰，并单击"保存"按

图 6-71 主/子报表显示结果

钮，切换到"打印预览"视图，显示结果如图 6-73 所示。

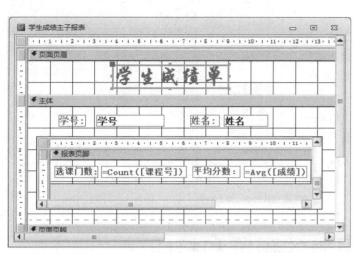

图 6-72 主/子报表的设计视图（带统计）

图 6-73 带统计的主子报表显示结果

例 6-18 使用拖曳的办法创建主/子报表。将例 6-5 创建的"学生信息一览表"以子报表形式放入学生分数主报表中，结果显示如图 6-74 所示。

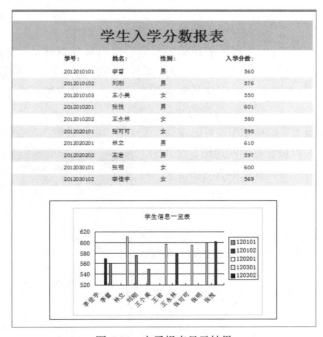

图 6-74 主子报表显示结果

操作步骤：

（1）打开"学生管理系统"数据库，使用"报表设计"创建一个空报表。

（2）定义报表的数据源：将报表的"记录源"设置为"学生信息"表。

（3）单击"工具"组中的"添加现有字段"按钮，将"学号"、"姓名"、"性别"和"入学分数"字段添加到报表主体中。

（4）调整主体节中的控件到合适位置，添加报表页眉和报表页脚节，在报表页眉处添加标签控件，设置其标题属性为"学生入学分数报表"，并对它们的格式进行修饰。

（5）鼠标单击对象列表区的"学生信息一览图表"，并将其拖曳到设计视图的报表页脚处，调整其位置和大小，如图 6-75 所示。

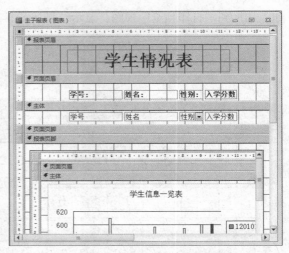

图 6-75　主/子报表设计视图

（6）单击"保存"按钮，命名为"主/子报表（图表）"，切换到"打印预览视图"，显示结果如图 6-74 所示（在此显示比例为 50%）。

6.4　报表的预览和打印

创建报表的最终目的是打印报表。为了保证打印出来的报表符合要求且外观精美，在打印前，可以对报表进行页面设置，通过使用打印预览功能，查看预览报表的每页内容，以便发现问题及时修改。

1. 报表预览

在数据库的"导航窗格"中选择所需预览的报表后单击鼠标右键，在弹出的快捷菜单中选择"打开"命令，即进入"打印预览"窗口。打印预览与打印的真实结果一致。如果报表记录很多，一页容纳不下，在每页的下面有一个滚动条和页数指示框，可进行翻页操作。

2. 页面设置

单击功能区"页面设置"选项卡下"页面布局"组中的"页面设置"命令按钮，弹出"页面设置"对话框。在该对话框中可以设置页面的边距、每列的宽度、打印纸张大小及方向等，如图 6-76 所示。

分别在 3 个不同的选项卡中进行设置。

"打印选项"选项卡：设置上、下、左、右页边距，并确认是否只打印数据。

"页"选项卡：设置打印方向、纸张大小和打印机型号。

"列"选项卡：设置报表的列数、列的宽度及高度和列的布局。

完成页面设置后，单击"确定"按钮即可。

图 6-76　"页面设置"对话框

3. 报表打印

在设置页面之后，如果预览报表的效果符合要求，单击"打印"按钮就可以打印报表了。也可以单击"文件"选项卡中的"打印"按钮。

【小结】

报表作为重要的数据库对象，已在打印和汇总数据方面获得了广泛的应用。报表可以分为纵栏式报表、表格式报表、图表报表、标签报表等，在 Access 2010 中，要学会使用"报表设计"方法对用"报表"按钮或"报表向导"等方法创建的报表进行修改，获得理想的报表。通过本章的学习，读者应掌握创建报表的方法，掌握在报表中进行排序、分组和汇总的方法，及子报表的创建。

习　题　六

一、填空题

1. 在报表中，要计算"入学分数"字段的最低分，应将控件来源属性设置为_____。

2. 报表设计中页码的输出和分组数据的输出均是通过设置绑定控件的控件来源为计算表达式形式而实现的，这些控件称为_____。

3. 关键字 ASC 和 DESC 分别表示_____含义。

4. 在_____或_____添加计算字段是对某些字段的一组记录或所有记录进行求和或求平均统计计算的。

5. 报表输出不可缺少的内容是_____，要实现报表按某字段分组统计输出，需要设置_____。

6. 一张完整的报表一般包括_____、_____、_____、_____、_____、_____、_____。不过，通常可以根据需要省略其中一些部分。

7. 在_____或_____添加计算字段对某些字段的一组记录或所有记录进行求和或求平均统计计算时，这种形式的统计计算一般是对报表字段列的纵向记录数据进行统计，而且要使用 Access 提供的_____来完成相应计算操作。

8. 将报表与某一数据表或查询绑定是通过设置报表的_____的属性。

9. 要在报表上显示格式为"10/总共 20 页"的页码，则计算控件的控件来源应设置为_____。

10. 页面页脚的内容在报表的_____打印输出。

11. 报表标题一般放在_____中。

12. 子报表在链接到主报表之前，应当确保已经正确地建立了_____。

二、选择题

1. 报表的结构不包括（　　）。

 A. 报表页眉   B. 页面页脚   C. 主体   D. 正文

2. 报表中的报表页眉是用来（　　）。

 A. 显示报表中的字段名称或对记录的分组名称

 B. 显示报表的标题、图形或说明性文字

 C. 显示本页的汇总说明

 D. 显示整份报表的汇总说明

3. 以下关于报表组成的叙述中错误的是（　　）。

 A. 打印在每页的底部，用来显示页面的汇总说明的是页面页脚

 B. 用来显示整份报表的汇总说明，在所有记录被处理后，只打印在报表的结束处的

是报表的页脚。

    C. 报表显示数据的主要区域叫主体

    D. 用来显示报表中的字段名称或对记录的分组名称的是报表页眉

4. 使用"自动报表"创建的报表,可以创建(　　)报表。

    A. 凹凸式　　　　　　B. 数据式　　　　　　C. 图像式　　　　　　D. 表格式

5. Access 的报表操作没有提供(　　)。

    A. 设计视图　　　　B. 打印预览视图　　　　C. 布局视图　　　　D. "编辑"视图

6. 要在报表的每页底部显示格式为:"第几页,共几页"的页码,则在设计时应该输入(　　)。

    A. "第" &[Page] &"页,共"& [Pages] &"页"

    B. ="第" & [Page] &"页,共"& [Pages] &"页"

    C. =第& [Page] &页,共& [Page*] & 页

    D. =第 [Page] 页,共 [Pages] 页

7. 如果要在报表的每一页底部显示页码号,那么应该设置(　　)。

    A. 报表页眉　　　　B. 页面页眉　　　　C. 页面页脚　　　　D. 报表页脚

8. 报表统计计算中,如果是进行分组统计并输出,则统计计算控件应布置在(　　)。

    A. 主体节　　　　　　　　　　　　B. 报表页眉/报表页脚

    C. 页面页眉/页面页脚　　　　　　D. 组页眉/组页脚

9. 在报表设计时,如果要统计报表中某几个字段的全部数据,计算控件应放在(　　)。

    A. 主体　　　　　　　　　　　　　B. 报表面眉/报表页脚

    C. 页面页眉/页面页脚　　　　　　D. 组页眉/组页脚

10. 表中将大量数据按不同的类型分别集中在一起,称为(　　)。

    A. 排序　　　　　　B. 合计　　　　　　C. 分组　　　　　　D. 数据筛选

11. 下列关于排序与分组的说法中,不正确的是(　　)。

    A. 只要有分组(组页眉为"是"),就一定会有"排序次序",默认是递增排序

    B. 排序与分组没有绝对关系

    C. 有分组必有排序,反之亦然

    D. 有分组必有排序,但反过来说,设置排序之后,却不一定使用分组,视需求而定

12. 下叙述正确的是(　　)。

    A. 报表可以输入数据　　　　　　B. 报表只能输出数据

    C. 报表可以输入和输出数据　　　D. 报表不能输入和输出数据

13. 在报表设计中以下可以做绑定控件显示字段数据的是(　　)。

    A. 文本框　　　　B. 报表页脚　　　　C. 页面页眉　　　　D. 页面页脚

14. 在报表设计过程中,不适合添加的控件是(　　)。

    A. 文本框　　　　B. 标签　　　　C. 图像控件　　　　D. 选项组控件

15. 报表的数据来源不能是(　　)。

    A. 表　　　　　　B. 查询　　　　C. SQL 语句　　　　D. 窗体

三、简答题

1. 窗体和报表的主要相同点和不同点是什么?

2. 报表设计图中包含哪些节区域?

3. 如何在报表中实现排序和分组?

4. 如何在报表中添加和显示计算数据？

5. 如何创建主/子报表？

四、实验题

1. 以"学生信息"表为数据源，用自动创建报表创建纵栏式、表格式两个报表，分别命名为"学生信息纵栏报表"、"学生信息表格报表"。

2. 以"学生成绩"表为数据源，使用报表向导创建名为"成绩"的报表。

3. 以"学生信息"表和"学生成绩"表创建主子报表。

4. 制作报表，以分班形式，显示学生学号、姓名、平均成绩。

5. 设计报表，由用户输入学院名称，打印出该学院不同班级学生名单及每个班人数。

6. 设计报表，打印出不同课程学生成绩单及每门课程平均成绩。

第 **7** 章 宏

【本章导读】

宏是 Access 2010 中的重要对象，对于一些重复的或基本的操作可以由宏来完成。使用宏不需要编写任何代码即可完成操作，操作方便、简单易学。本章主要介绍宏的概念及分类、创建宏和宏组、宏的编辑与调试以及宏的综合应用等。

7.1 宏 的 概 述

宏是由一个或多个操作组成的集合，每个操作都有其特定的功能。创建这些操作可以帮助用户自动完成一些常规的任务，例如，排序、查询和打印等操作。在 Access 中，可以通过创建宏来自动执行一系列重复的或者十分复杂的任务。宏操作命令还可以组成宏组。

宏是一种简化操作的工具，使用宏时不需要编程，只需要在宏设计窗口中将所执行的操作、参数和运行的条件输入即可。Access 中宏的操作也可以在模块对象中通过编写 VBA（Visual Basic for Application）语句来达到相同的功能。

对于简单的细节工作，譬如打开和关闭窗体、运行报表等，一般使用宏来完成。当要进行数据库的复杂操作和维护、自定义过程的创建和使用以及错误处理时，应该使用 VBA。

7.1.1 宏设计窗口

打开数据库文件，单击功能区"创建"选项卡下"宏与代码"选项组中"宏"按钮，打开宏设计窗口，宏设计窗口主要由宏工具设计选项卡、宏设计窗口和操作目录 3 部分组成。

1."宏工具/设计"选项卡

宏工具设计选项卡包含 3 组命令："工具"组中的命令用于宏的运行或调试；"折叠/展开"组中的命令用于宏操作参数列表的折叠或展开；"显示/隐藏"组中的命令用于打开或关闭操作目录窗口。如图 7-1 所示。

图 7-1 "宏工具/设计"选项卡

2. 宏设计窗口

宏设计窗口是宏设计的主要工作区域，在"添加新操作"输入框中可以输入操作命令，并设置相应参数，如图 7-2 所示。

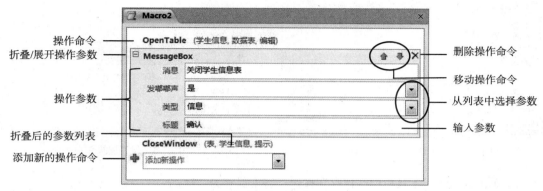

图 7-2　宏设计窗口

3. 操作目录窗格

操作目录窗格位于窗口的最右侧，其中列出了宏设计的所有操作命令，可以直接从操作目录中选择所需的操作命令。单击某个操作命令，在窗口底部会显示该操作命令的功能描述。如图 7-3 所示。

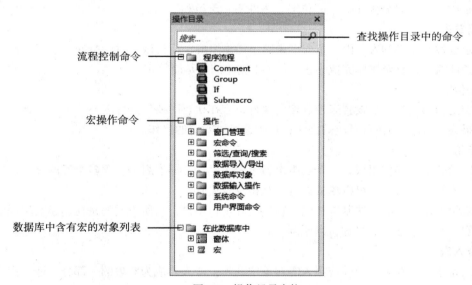

图 7-3　操作目录窗格

例 7-1　创建一个宏"Macro1"，包含 2 个操作：首先打开"教师信息"窗体，显示表中所有记录同时使计算机发出"嘟"声。

操作步骤：

（1）打开"学生管理系统"数据库，单击功能区"创建"选项卡下"宏与代码"组的"宏"按钮 ，打开宏的设计视图。

（2）选中"添加新操作"文本框，单击右侧向下箭头打开操作列表，在列表中选择 OpenForm 操作命令。在操作参数区域设置参数："窗体名称"选择"教师信息窗体"，"视图"选择"窗体"，

"数据模式"选择"只读","窗口模式"选择"普通",如图 7-4 所示。

（3）设置操作 Beep，如图 7-5 所示。

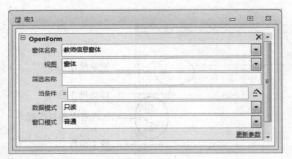

图 7-4　设置 OpenForm 操作命令

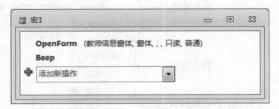

图 7-5　设置宏操作命令

（4）单击快速访问工具栏的"保存"按钮，将宏保存为"Macro1"。

（5）单击功能区"宏工具/设计"选项卡下的"工具"组的"运行"按钮，首先打开"教师信息窗体"，同时发出"嘟"声。

7.1.2　宏的分类

Access 中的宏可以分为 4 类：简单宏、条件宏、宏组和嵌入宏。

1. 简单宏

简单宏也称操作序列宏，由一条或多条简单操作组成，运行该宏时，Access 会按照操作的顺序一条一条地执行，直至操作完成为止。例 7-1 创建的就是简单宏。

2. 条件宏

条件宏是指通过条件的设置来控制宏的执行，宏在执行时要对条件表达式进行测试，如果表达式的结果为"真"，则执行对应的操作；否则，跳过对应的操作。

3. 宏组

一个宏由若干个操作组成，一个宏组由若干个宏组成，即宏组是包含多个宏的集合，这些宏称为子宏。宏组中的每个宏可以单独运行，互相没有关联。

创建宏组与创建宏的方法基本相同，在宏设计窗口中进行。所不同的是在创建的过程中必须为每个子宏定义一个唯一的名称，以便调用。

4. 嵌入宏

嵌入宏是指嵌入在表、窗体或报表等对象中的宏，嵌入宏成为对象的一部分，通常用来执行对象的特定任务。

嵌入宏一般没有具体的名称，随着所嵌入的对象删除而删除。嵌入的宏不显示在导航窗格中。嵌入的宏通常不能单独调用，只能在所嵌入对象的相关事件发生时自动执行。

7.2　常用的宏操作

宏是由操作组成的。一个宏操作由操作命令和操作参数两部分组成，操作命令和操作参数都是由系统预先定义好的。以下列出了 Access 中常用的宏操作及其功能。

1. 记录操作类（见表 7-1）

表 7-1 记录操作类宏操作

操作命令	功能
GoToRecord	使打开的表、窗体或查询结果中指定的记录成为当前记录
FindRecord	查找符合指定条件的第一条记录
FindNextRecord	通常与 FindRecord 搭配使用，查找与指定数据相匹配的下一条记录

2. 对象操作类（见表 7-2）

表 7-2 对象操作类宏操作

操作命令	功能
OpenTable	打开指定表的数据表视图、设计视图或者在打印预览窗口中显示表的记录，也可以选择表的数据输入模式
OpenQuery	打开指定查询的设计视图，或者在打印预览窗口中显示选择查询的结果
OpenForm	打开窗体并可通过选择窗体的数据模式来限制对窗体中记录的操作
OpenReport	在"设计"视图或"打印预览"视图中打开报表或直接打印报表
OpenModule	在指定的过程中打开特定的 VBA 模块
SelectObject	选择指定的数据库对象，使其成为当前对象
Close	关闭指定窗口，如果没有指定窗口，Access 则关闭当前活动窗口
DelectObject	删除一个特定的数据库对象
CopyObject	将指定的数据库对象复制到不同的数据库中，或以新的名称复制到同一个数据库中
AddMenu	创建"加载项"选项卡下的自定义菜单，也可以用于创建右键快捷菜单
CancelEvent	取消一个事件
Closedatabse	关闭当前数据库

3. 数据传递类（见表 7-3）

表 7-3 数据传递类宏操作

操作命令	功能
Requery	刷新控件的数据源，更新活动对象中特定控件的数据
SendKeys	把按键直接传递到 Acccess 或别的 Windows 应用程序
SetValue	对窗体或报表上的字段、控件或属性进行设置

4. 代码执行类（见表 7-4）

表 7-4 代码执行类宏操作

操作命令	功能
RunApp	在 Access 中运行一个 Windows 应用程序
RunCord	调用 Visual Basic 的函数过程
RunMacro	运行一个宏对象或宏对象中的一个宏组
RunSQL	运行 Access 的动作查询，还可以运行数据定义查询

5. 提示警告类（见表 7-5）

表 7-5 提示警告类宏操作

操作命令	功能
Beep	通过个人计算机的扬声器发出嘟嘟声
Echo	指定是否打开音响
MessageBox	显示一个包含警告信息的消息框

6. 其他类（见表 7-6）

表 7-6 其他宏操作

操作命令	功能
GotoControl	将焦点移到激活窗体或数据表中指定的字段或控件上，实现焦点转移
MaximizeWindow	使活动窗体最大化，充满 Microsoft Access 窗口
MinimizeWindow	使活动窗体最小化，成为 Microsoft Access 窗口底部的标题栏
RefreshRecord	刷新当前记录
DeleteRecord	删除当前记录
SaveRecord	保存当前记录
UndoRecord	撤销最近的用户操作
ApplyFilter	在表、窗体或报表中应用筛选，以选择表、窗体或报表中显示的记录
Restore	将处于最大化或最小化的窗口恢复为原来的大小
QuitAccess	退出 Microsoft Access 系统
RestoreWindow	将处于最大化或最小化的窗体恢复为原来的大小
MoveSize	移动活动窗口或调整其大小
Hourglass	使鼠标指针在宏执行时变成沙漏形状或其他选择的图标

7.3 宏 的 创 建

在设计视图下可以创建、修改和运行宏，创建宏的过程实际上就是指定宏名、添加操作、设置操作参数的过程。

7.3.1 创建简单宏

例 7-2 创建一个宏"Macro2"，包含 2 个操作：MessageBox 和 OpenTable。运行宏时弹出一个对话框："欢迎浏览'学生信息'表!"，然后打开"学生信息"表。

操作步骤：

（1）打开"学生管理系统"数据库，单击功能区"创建"选项卡下的"宏与代码"组的"宏"按钮，打开宏的设计视图。

（2）选中"添加新操作"文本框，单击右侧向下箭头打开操作列表，在列表中选择 MessageBox 操作命令。在操作参数区域设置参数："消息"输入"欢迎浏览'学生信息'表!"，"类型"选择

"信息"，"标题"输入"欢迎窗口"。

（3）同样地，选中"添加新操作"文本框，单击右侧向下箭头打开操作列表，在列表中选择 OpenTable 操作命令。在操作参数区域设置参数："表名称"选择"学生信息"，"视图"选择"数据表"，"数据模式"选择"只读"。

设置操作参数有 3 种方式：参数项是文本框的要直接输入；参数项是列表框的可以通过下拉列表选择输入；如果参数项后面有生成器按钮，可以通过表达式生成器输入。

（4）保存宏对象，命名为"Macro2"，如图 7-6 所示。

（5）单击"运行"按钮，首先弹出"欢迎窗口"，如图 7-7 所示。单击"确定"按钮，显示"学生信息"表。

图 7-6　Macro2 设计

图 7-7　"欢迎窗口"

7.3.2　创建宏组

宏组由子宏组成，在创建宏组时，可以把"操作目录"窗格中的 Submacro 命令添加到"添加新操作"文本框，并为子宏命名。

使用 Submacro 命令可以在宏中定义子宏，子宏是宏操作的一种形式，能够单独执行一组操作。其结构为：

```
子宏：<子宏名>
     <操作块>
End Submacro
```

例 7-3　创建宏组 Macro3，其中包含 3 个操作，分别是打开"学生选课成绩"窗体、打开"学生情况报表"和关闭"学生选课成绩"窗体。

操作步骤：

（1）打开"学生管理系统"数据库，单击功能区"创建"选项卡下"宏与代码"组的"宏"按钮，打开宏的设计视图。

（2）在"添加新操作"文本框中输入"Submacro"操作命令，或者从"操作目录"窗格中将程序流程中的"Submacro"命令拖入，添加一个子宏，如图 7-8 所示。在"子宏：Sub1"操作参数设置框中，将默认的名称"Sub1"改为"打开学生选课成绩"。在"添加新操作"组合框中选择命令 OpenForm，并设置操作参数，如图 7-9 所示。

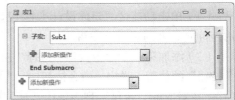

图 7-8　添加子宏

（3）用同样的方法添加其余的子宏，设置相应操作参数。其中"打开学生情况报表"子宏选择命令 OpenReport，"报表名称"选择"学生情况报表"，"视图"选择"报表"，"窗口模式"选择"普通"；"关闭学生选课成绩"子宏选择命令 CloseWindow，"对象类型"选择"窗体"，"对象名称"选择"学生选课成绩"。结果如图 7-10 所示。

图 7-9　设置子宏参数

图 7-10　设置子宏

（4）单击 "保存"按钮，打开"另存为"对话框，在"宏名称"文本框中输入"Macro3"，单击"确认"按钮，完成宏设计。

运行宏组"Macro3"，发现只能运行第一个子宏，若要执行其他子宏可以通过下面的方法：

图 7-11　执行宏

单击功能区"数据库工具"选项卡下"宏"组中的"运行宏"按钮，打开"执行宏"对话框，如图 7-11 所示。在下拉列表框中选择要执行的宏，单击"确定"按钮即可执行。

调用宏组中的宏的格式是：宏组名.宏名

宏组中的宏也可通过 Docmd.RunMacro 方法来调用（详见第 8 章），也可通过窗体事件来调用。

例 7-4 创建一个窗体，包含 3 个命令按钮，功能分别是打开"学生选课成绩"窗体，打开"学生情况报表"和关闭窗体，利用宏组 Macro3 来实现。

操作步骤：

（1）打开"学生管理系统"数据库，创建窗体。

（2）单击功能区"窗体设计工具/设计"选项卡下"控件"组中的"使用控件向导"按钮，使用控件向导来创建命令按钮。

（3）添加第一个命令按钮：选择"控件"组中的"命令按钮"控件，在窗体上单击要放置"命令按钮"的位置，弹出"命令按钮向导"第一个对话框。在对话框的"类别"列表框中，选择"杂项"，在对应的"操作"列表框中选择"运行宏"，如图 7-12 所示。

（3）单击"下一步"选择命令按钮运行的宏，这里选择"Macro3.打开学生选课成绩"，如图 7-13 所示。按照向导完成第一个命令按钮的设置。

图 7-12 命令按钮向导

图 7-13 选择宏命令

（4）类似地，添加第二个命令按钮。第二个命令按钮选择的宏为"Macro3.打开学生情况报表"。

（5）创建"退出"按钮，单击退出 Access。

（6）完成窗体设计，将窗体保存为"信息管理"，如图 7-14 所示。

（7）切换到窗体视图，单击不同的命令按钮，可以运行相应的宏操作。

图 7-14 "学生管理"窗体

7.3.3 创建条件宏

在某些应用中，需要为宏添加特定的条件，当条件成立时才执行宏中的操作。条件是进行搜索或筛选时字段必须满足的准则，是一个计算结果为"True/False"或"是/否"的逻辑表达式。当条件成立时，表达式返回"True"；当条件不成立时，表达式返回"False"。宏将根据条件结果，选择执行或者不执行操作。

创建条件宏是在设计视图中，通过在"添加新操作"列表中选择 If 语句来实现的。If 宏操作有 2 种常用形式。

（1）IF …THEN 形式

格式：

```
IF <条件表达式> THEN
  <操作块>
END IF
```

功能：如果<条件表达式>的值为真，则执行<操作块>中的所有操作，否则不执行<操作块>

中的操作。

（2）IF …THEN…ELSE 形式

格式：

```
IF  <条件表达式>  THEN
   <操作块 1>
ELSE
   <操作块 2>
END IF
```

功能：如果<条件表达式>的值为真，则执行<操作块 1>中的所有操作，否则执行<操作块 2>中的所有操作。

例 7-5 创建一个条件宏 Macro4，在"教师信息浏览"窗体中，当"教师编号"字段"失去焦点"时，若"教师编号"字段为空则弹出消息框"'教师编号'不能为空！"。

操作步骤：

（1）打开"学生管理系统"数据库，单击功能区"创建"选项卡下的"宏与代码"组的"宏"按钮，打开宏的设计视图。

（2）从"添加新操作"下拉列表中选择 If 语句，即出现 If 宏程序块，如图 7-15 所示，单击"添加 Else"按钮，可建立 If …Then…Else 形式程序块；单击"添加 Else If"按钮，则可建立嵌套的 If 块。

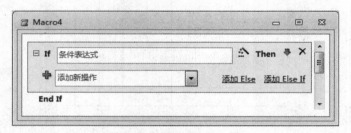

图 7-15 If 宏程序块

在 If 后面的文本框中输入条件表达式：IsNull（Forms![教师信息窗体]![教师编号]）。

表达式也可以通过单击"生成器"按钮，在打开的"表达式生成器"对话框中输入。在输入条件表达式时，可以使用如下的语法引用窗体或报表上的控件值。

```
Forms![窗体名]![控件名]
Reports![报表名]![控件名]
```

（3）在"添加新操作"组合框中选择 MessageBox 命令，设置"消息"参数为"'教师编号'不能为空！"，"类型"为"警告！"，如图 7-16 所示。

（4）单击"保存"按钮，保存宏为 Macro4。

（5）打开"教师信息浏览"窗体的设计视图，右键单击"教师编号"文本框，在弹出的快捷菜单中选择"属性"命令，打开"属性表"对话框。选择"事件"选项卡，在"失去焦点"事件中选择宏 Macro4，如图 7-17 所示。保存对窗体的修改。

运行"教师信息浏览"窗体，添加记录，当"教师编号"文本框中无输入内容时，移走光标则弹出对话框，如图 7-18 所示。

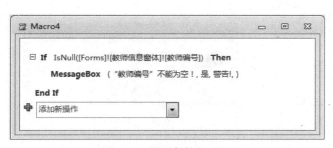

图 7-16　设置条件宏　　　　　　　　图 7-17　绑定"失去焦点"事件的响应宏

图 7-18　"教师信息浏览"窗体中添加记录

7.3.4　创建嵌入宏

嵌入宏嵌入在窗体、报表或控件的事件中，是所嵌入对象的一部分，宏的执行与控件的事件相结合，当控件的事件发生时，执行相应的宏操作。

例 7-6　创建嵌入宏，当"教师信息窗体"打开时，单击"姓名"文本框，弹出提示信息"此字段只可浏览，不能修改！"。

操作步骤：

（1）在"学生管理系统"数据库中，打开"教师信息窗体"的设计视图。右键单击"姓名"文本框，在弹出的快捷菜单中选择"属性"命令，打开"属性表"对话框。

（2）选择"事件"选项卡，单击"姓名"文本框的"单击"事件右侧的生成器按钮，弹出"选择生成器"对话框，如图 7-19所示。选择"宏生成器"项，然后单击"确定"按钮。

图 7-19　选择"宏生成器"

（3）进入"宏生成器"窗口，在"添加新操作"框中选择 MessageBox 操作命令，设置"消息"参数为"此字段只可浏览，不能修改！"，"类型"为"重要"。如图 7-20 所示。

（4）关闭宏设计窗口，此时"属性表"中姓名字段的"单击"事件行出现"嵌入的宏"的字样，完成嵌入宏设置。

运行"教师信息浏览"窗体，当鼠标单击"姓名"文本框时，弹出提示信息，如图 7-21 所示。

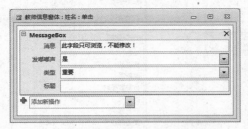

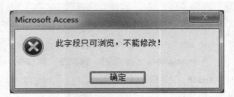

图 7-20　设置宏命令　　　　　　　　　　　　图 7-21　提示信息

7.4　宏的执行和调试

宏建成之后，可以直接运行宏或宏组中的宏，也可以通过窗体、报表及其控件的属性事件响应运行宏，还可以从一个宏调用另一个宏。

7.4.1　宏的执行

1. 直接运行宏

直接运行宏有以下几种常用方法。

（1）单击功能区"宏工具/设计"选项卡下"工具"组中的"运行"按钮❗。

（2）双击相应的宏名。

（3）单击"数据库工具"选项卡下"宏"组中的"运行宏"按钮。

2. 运行宏组中的宏

运行宏组中的宏有以下几种常用方法。

（1）将宏指定为窗体或报表的事件属性，如例 7-5。

（2）单击"数据库工具"选项卡下"宏"组中的"运行宏"按钮，如例 7-3。

3. 在窗体、报表或控件的响应事件运行宏

在设计视图中设置窗体、报表或控件的有关事件属性为宏名，如例 7-6。

4. 从另一个宏运行宏

创建一个宏，选择 RunMacro 操作，设置"宏名"为要运行的宏的名称。如图 7-22 所示。

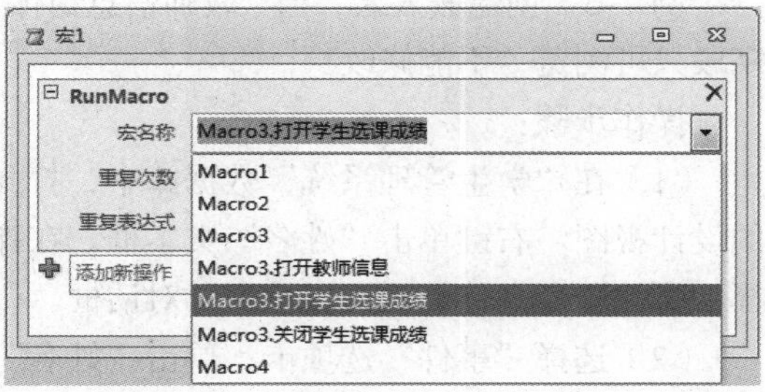

5. 在 VBA 中运行宏

在 VBA 程序中运行宏，要使用 DoCmd 对象中的 RunMacro 方法。

语句格式：Docmd.RunMacro "宏名"。

详见第 8 章。

图 7-22　RunMacro 命令运行宏

7.4.2　自动运行宏

Access 数据库提供了一个专用的宏 Autoexec，会在打开数据库时自动执行。因此，如果打开数据库时要自动执行某些操作，可以通过该宏来实现。

Autoexec 宏的设计方法与独立宏的设计方法完全相同，只是在保存时将宏命名成 Autoexec 即可。可以把打开一个数据库应用系统启动界面的宏操作存放在 Autoexec 宏中，这样在每次运行时，会自动打开应用系统的启动界面。

若要禁止其自动运行，可以在打开数据库时按下 Shift 键。

7.4.3 宏的调试

宏执行时如果出现结果异常，可以使用宏调试工具对宏操作进行调试，常用的方法是单步执行宏。在单步执行宏时，每次执行一个宏操作，通过观察这一步的结果，来分析出错的原因。

打开宏设计窗口，单击"工具"选项组中的"单步" 按钮，然后再单击"运行"按钮，打开"单步执行宏"对话框，如图 7-23 所示。

在"单步执行宏"对话框中，显示了宏名、条件、操作名称和参数。通过对这些值的分析，判断宏的执行是否正常。

图 7-23 "单步执行宏"对话框

7.5 宏使用实例

例 7-7 创建一个登录窗体，如图 7-24 所示。当用户账号和密码输入正确时，单击"登录"按钮进入系统。

操作步骤：

1. 创建登录窗体所需的查询

登录窗体查询可以提供系统的用户账号和密码信息，以便在登录时验证用户身份。

（1）单击功能区"创建"选项卡下"查询"组中的"查询设计"按钮，进入查询的设计界面。

（2）在"显示表"对话框中，选择"用户"表，单击"添加"按钮。

（3）将"用户账号"和"密码"两个字段加入到"字段"行中。

（4）设置"用户账号"列的条件为"[Forms]![系统登录]![用户账号]"。

（5）保存查询，命名为"登录窗体查询"，如图 7-25 所示。

图 7-24 登录窗体

图 7-25 登录窗体查询

2. 创建登录窗体

登录窗体是整个系统的入口，通过登录窗体来验证进入系统的人员的身份，只有系统合法用户才能登录系统,非法人员无法通过登录窗体进入系统。

（1）使用窗体向导创建一个纵栏式窗体，记录源为"登录窗体查询"，窗体标题为"系统登录"。

① 设置窗体"属性"。将"记录选择器"、"导航按钮"属性值设为"否"。

② 为了在登录时可以选择或输入用户账号,用鼠标右键单击"用户账号"文本框上，选择"更改为/组合框"命令，将"用户账号"文本框改为组合框。同时，在其"属性"窗口去掉"控件来源"属性值，使其处于"未邦定"状态。如图 7-26 所示。

图 7-26 "系统登录"窗体设计

（2）设置"用户账号"组合框的"属性"：设置"行来源类型"属性值为"表/查询"；单击"行来源"右侧的生成器按钮，打开"查询生成器"窗口，设置查询生成器。如图 7-27 所示。

（3）为了使登录窗体每次能自动根据选择或输入的"用户账号"查询出对应的密码，需要创建一个"登录用户重新查询宏"，如图 7-28 所示。打开"用户账号"组合框的"属性表"对话框，选择"事件"选项卡，将"更新后"事件设置为"登录用户重新查询宏"。

图 7-27 设置"用户账号"组合框数据来源

图 7-28 登录用户重新查询宏

（4）为了实现密码验证功能，将窗体向导生成的"密码"文本框移动位置，并设置其"可见"属性为"否"，使其隐藏起来。然后，在其原来位置手动创建一个文本框，命名为"UserPwd"，在"数据"选项卡中设置其"输入掩码"属性值为"密码"，这样用户输入密码时会显示成一串"*"号。如图 7-29 所示。

（5）创建一个条件宏来验证密码：如果通过验证，则关闭登录窗体，打开"学生信息浏览"窗体。否则，弹出提示信息："口令有误，请重新输入!"。将条件宏命名为"登录宏"，如图 7-30所示。

（6）使用控件向导在窗体中创建"登录"命令按钮：在"类别"列表框中选择"杂项"，在"操作"列表框中选择"运行宏"，选择"登录宏"。

创建"取消"命令按钮：在"类别"列表框中选择"应用程序"，在"操作"列表框中选择"退出应用程序"。

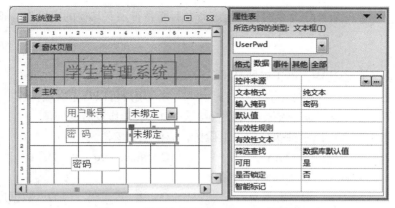

图 7-29 设置文本框"UserPwd"的属性

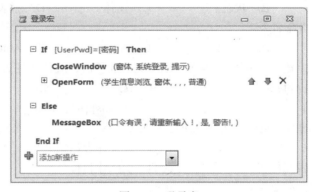

图 7-30 登录宏

（7）保存窗体，打开"系统登录"窗体的窗体视图，效果如图 7-24 所示。

【小结】

本章介绍了数据库对象宏，它的主要功能是使操作自动化。宏可以分为简单宏、条件宏、嵌入宏和宏组。一个宏组可以包含一个或多个宏，宏组中的每一个宏都能独立运行，互不影响。运行宏的方法有多种。

习 题 七

一、填空题

1. 宏是一个或多个_____的集合。

2. 宏操作 QuitAccess 的功能是_____，CloseWindows 的功能是_____。

3. 在数据库打开时自动运行的宏是_____，如果想禁止其自动运行，可在打开时按下_____键。

4. 打开查询的宏操作是_____，打开窗体的宏操作是_____。

5. 对于由多个操作命令组成的宏，执行时是按照宏操作的_____顺序执行的。

6. 要引用宏组中的宏，采用的语法格式是_____。

7. 在带条件的宏操作中，根据_____决定宏操作块是否执行。

8. 当遇到_____宏操作命令时，无论该命令后面是否还有其他的宏操作，都会结束当前正在运行的宏。

二、选择题

1. 下列有关宏的叙述中，不正确的是（　　　）。
　　A. 宏是一种操作代码的组合　　　　　　B. 用户可以自定义宏操作
　　C. 建立宏通常需要添加宏操作并设置参数　D. 宏操作没有返回值

2. 若要在宏中定义可以单独执行的一组操作，应使用的宏语句是（　　　）。
　　A. Comment　　　B. Group　　　　C. Submacro　　　D. If

3. 在运行宏的过程中，宏不能修改的是（　　　）。
　　A. 窗体　　　　　B. 宏本身　　　　C. 表　　　　　　D. 数据库

4. 在宏中，OpenReport 操作可以用来打开指定的（　　　）。
　　A. 查询　　　　　B. 状态栏　　　　C. 窗体　　　　　D. 报表

5. 自动运行宏应当命名为（　　　）。
　　A. AutoExec　　　B. AutoExe　　　C. Auto　　　　　D. AutoExee.bat

6. 在宏的参数中，要应用窗体 F1 是的 Text1 文本框的值，应使用的表达式是（　　　）。
　　A. [Forms]![F1]![Text1]　　　　　　B. Text1
　　C. [F1]![Text1]　　　　　　　　　　D. [Forms].[F1].[Text1]

7. 要限制宏命令的操作范围，可以在创建宏时定义（　　　）。
　　A. 宏操作对象　　　　　　　　　　　B. 宏条件表达式
　　C. 窗体或报表控件属性　　　　　　　D. 宏操作目标

8. 用于打开查询的宏命令是（　　　）。
　　A. OpenForm　　　B. OpenReport　　C. OpenQuery　　D. OpenTable

9. 用于打开窗体的宏命令是（　　　）。
　　A. OpenForm　　　B. OpenReport　　C. OpenQuery　　D. OpenTable

10. 用于显示消息框的宏命令是（　　　）。
　　A. Beep　　　　　B. MsgBox　　　　C. InputBox　　　D. Echo

11. 不能够使用宏的数据库对象是（　　　）。
　　A. 查询　　　　　B. 窗体　　　　　C. 宏　　　　　　D. 报表

12. 以下关于宏设计的叙述中不正确的是（　　　）。
　　A. 使用 Submacro 宏语句可以提高宏的可读性
　　B. 使用 Comment 宏语句可以提高宏的可读性
　　C. 使用 Group 宏语句可以提高宏的可读性
　　D. 使用 If 宏语句可以控制宏的执行流程

13. 创建宏时至少要定义一个宏操作，对于有参数的宏还要设置对应的（　　　）。
　　A. 条件　　　　　B. 命令按钮　　　C. 宏操作参数　　D. 注释信息

三、简答题

1. 什么是宏和宏组？二者有何区别？
2. 宏的运行方式有哪些？
3. 如何运行宏组？
4. 在宏条件表达式中如何引用窗体或报表中的控件？

5. 独立宏与嵌入宏在设计和使用方式上有什么不同？

四、实验题

1. 建立一个"登录"窗体，单击"确定"按钮时，若密码输入正确，则显示"登录成功，欢迎使用！"的消息框，然后关闭窗体（密码由自己设定）；若密码输入错误，则显示"密码错误，请重新输入！"的消息框。单击"取消"按钮，显示一个"关闭登录窗体"的消息框，然后关闭窗体。

2. 建立一个学生管理系统的"系统登录"窗体，当口令正确时进入下一级窗体。

第 **8** 章 VBA 与模块

【本章导读】

窗体中控件的事件可以通过宏或事件过程来响应。宏中的操作是由系统预定义的，事件过程则是用户使用 VBA 编程语言编写的程序段。这些程序段通过模块（Module）的方式组织起来。本章主要介绍模块的基本操作，包括 VBA 程序设计基础、模块的建立与使用、过程编写、参数传递等。

8.1 VBA 简介

VBA（Visual Basic for Application）是微软系列软件的内置编程语言。编程语言是用户和计算机进行信息交流的媒介。使用编程语言可以设计计算机程序，控制计算机完成用户要求的各项操作功能。

VBA 程序由称之为"过程"的程序段组成，过程中的语句按照解决问题的逻辑顺序依次排列。执行 VBA 程序时，计算机会自动按照过程中各条语句的语义从过程头执行到过程尾。

8.1.1 VBA 程序编辑环境

在 Access 中，VBA 的开发界面称为 VBE（Visual Basic Editor）。它是 VBA 程序编辑、调试的环境。

1. VBE 窗口

VBE 窗口主要由标准工具栏、工程资源管理器窗口、代码窗口、属性窗口、立即窗口等组成。其中代码窗口驻留在主窗口内，其他窗口均为浮动窗口，如图 8-1 所示。通过单击工具栏中"视图"主菜单可以打开各个窗口。

（1）代码窗口。

由对象列表框、过程列表框、代码编辑区构成。对象列表框中列出本模块中所有的控件对象，过程列表框列出了当前对象所能响应的各种事件。代码区用于输入和编辑 VBA 代码。

（2）工程资源管理器窗口。

以树型结构管理工程用到的所有模块对象。在 Access 中，模块分为类模块和标准模块。窗体和报表模块属于类模块。双击某个模块对象后，在代码窗口中显示该对象所有的过程代码。

窗口顶部有 3 个按钮，从左到右依次为查看代码、查看对象、切换文件夹。

（3）属性窗口。

列出在"工程资源管理器"窗口中所选对象的各种属性。在属性窗口可以设置或修改对象的属性。

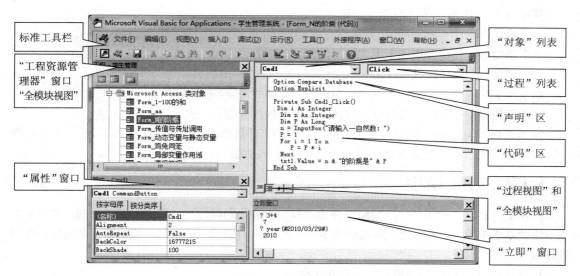

图 8-1　VBE 编程界面

（4）标准工具栏。

VBE 窗口上方有标准工具栏，如图 8-2 所示。

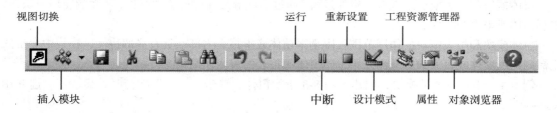

图 8-2　标准工具栏

常用按钮介绍如下。

① "视图切换"按钮，单击该按钮，由 VBE 窗口切换到数据库窗口。

② "插入模块"按钮，用于插入一个新模块。

③ "运行"按钮，运行模块程序。

④ "中断"按钮，暂停正在运行的程序。

⑤ "重新设置"按钮，结束正在运行的程序。

⑥ "设计模式"按钮，打开或退出模块的设计模式，属于开关键。

⑦ "工程资源管理器"按钮，打开或关闭"工程资源管理器"窗口。

⑧ "属性窗口"按钮，打开或关闭属性窗口。

⑨ "对象浏览器"按钮，打开或关闭对象浏览器。

（5）立即窗口。

在立即窗口中，可使用"?"或"Print"命令输出表达式、执行简单方法操作、辅助程序测试。代码中 Debug.Print 语句输出的信息也显示在立即窗口。

2. 打开 VBE 窗口

常见打开 VBE 环境方法有以下三种。

（1）直接进入。

单击功能区"创建"选项卡下"宏与代码"组中的 Visual Basic 按钮即可。

（2）新建一个模块，进入 VBE。

单击功能区"创建"选项卡下"宏与代码"组中的 模块 按钮即可。

（3）创建响应数据库对象的事件过程，通过事件过程进入 VBE。

如例 5-16 所述过程。将窗体、报表或其控件的事件属性设置为"[事件过程]"后，单击属性框右侧的打开按钮 … ，进入包含该对象事件过程的 VBE 窗口。

8.1.2 VBA 模块

模块是 VBA 应用程序代码的组织方式，模块中的代码以过程的形式组织在一起，过程是构成模块的基本单元，一个模块中可以包含多个过程。在 VBE 窗口中，每个模块都有其对应的代码设计窗口。

在 Access 中，模块分为类模块和标准模块。

1. 类模块

类模块是代码和数据的集合，每个类模块都与某个特定的窗体或报表相关联。窗体模块和报表模块都属于类模块，它们从属于各自的窗体或报表。

窗体模块和报表模块通常包含事件过程，通过事件触发并运行事件过程，从而响应用户操作，控制窗体或报表的行为。

窗体模块和报表模块的作用范围仅限于本窗体或本报表内部，具有局部特性，模块中变量的生命周期随窗体或报表的打开而开始，随窗体或报表的关闭而结束。

例 8-1 建立一个类模块，创建如图 8-3 所示窗体，单击"开始"按钮时，显示"欢迎使用 Access!"

操作步骤：

（1）在数据库中，创建如图 8-3 所示窗体；设置窗体属性，使"记录选择器钮"、"导航按钮"、"分隔线"均不显示。

（2）选择命令按钮控件，单击鼠标右键，从快捷菜单中选择"事件生成器"，在"选择生成器"对话框中选择"代码生成器"。

（3）在事件过程中输入代码，如图 8-4 所示。

图 8-3 单击"开始"按钮，显示信息

图 8-4 在事件过程中输入代码

（4）转到窗体视图，单击"开始"按钮。

2．标准模块

标准模块用于存放公共过程（子程序和函数），不与其他任何 Access 数据库对象相关联。在 Access 中通过模块对象创建的代码过程就是标准模块。

在标准模块中，通常为整个应用系统设置全局变量或通用过程，以供其他窗体或报表等数据库对象在类模块中使用或调用。

标准模块中的变量和过程具有全局特性，作用范围是整个应用程序，生命周期随应用程序的运行而开始，随应用程序的关闭而结束。

例 8-2　建立一个标准模块，运行时显示"欢迎使用 Access!"

操作步骤：

（1）在数据库中，单击功能区 "创建"选项卡下"宏与代码"组中"模块"按钮 模块。

（2）输入如图 8-5 所示代码。

（3）单击"保存"按钮，为模块起名：First，如图 8-6 所示。

图 8-5　标准模块代码

图 8-6　First 模块

（4）单击标准工具栏上"运行子过程"命令，数据库窗口显示相应信息。

3．模块的结构

无论是类模块还是标准模块，其结构都包含以下两部分。

（1）模块声明部分：放置本模块范围的声明，如 Option 声明、变量及自定义类型的声明。

（2）过程（函数）定义部分：放置实现过程或函数功能的 VBA 代码。类模块中的过程大部分是事件过程，也可以包含仅供本模块调用的过程和函数。标准模块中的过程和函数均为通用过程，可以供本模块或其他模块中的语句调用。

4．将宏转换为 VBA 代码

在 Access 中，宏的每个操作在 VBA 中都有等效的代码。因此，可以将宏存储为模块，这样运行的速度会更快。

独立宏可以转换为标准模块，嵌入在窗体、报表及控件事件中的宏可以转换为类模块。

将宏转换为 VBA 代码的方法有以下两种。

（1）打开宏设计视图，单击功能区"宏工具/设计"选项卡下"工具"组中的"将宏转换为 Visual Basic 代码"按钮。出现如图 8-7 所示"转换宏"对话框，单击"转换"按钮。

图 8-7　"转换宏"对话框

（2）打开窗体或报表设计视图，单击功能区"设计"选项卡下"工具"组中的"将窗体的宏转换为 Visual Basic 代码"命令。

8.2 面向对象程序设计

目前有两种编程思想：面向过程程序设计和面向对象程序设计。

（1）面向过程程序设计将数据和数据的处理相分离，程序由过程和过程调用组成。

（2）面向对象程序设计则将数据和数据的处理封装成一个称之为"对象"的整体。对象是面向对象程序的基本元素，其程序范型由对象和消息组成，程序中的一切操作都是通过向对象发送消息来实现的，对象接收到消息后，启动有关方法完成相应的操作。

VBA 是 Access 系统内置的 Visual Basic（VB）语言，VB 语言是可视化的、面向对象、事件驱动的高级程序设计语言，采用面向对象的程序设计思想。

8.2.1 基本概念

在面向对象的程序设计中，基本概念包括对象、类、属性、事件、方法等。

1. 类和对象

自然界的一切事物都是分类的，类是一个抽象的概念。比如说"人"就是一种分类，是一个抽象的概念。但谈到"张三"、"李四"等某些具体的人时，这些具体的人称为"人"类的一个对象。

现实世界的任何事物都是对象，如一本书、一个人、一辆汽车等。面向对象程序设计的主要任务是以"对象"为中心设计模块。

Access 中的对象代表应用程序中的元素，如表、窗体、按钮等。

Access 数据库窗口左边的对象——表、查询、窗体、报表、宏与模块，应该准确地称为对象类，通过每一个类可以创建多个该类型的对象。

2. 属性

属性是对象的特征，描述了对象的当前状态。如姓名、性别、身高、体重等是人的属性，标题、名称、左边距、宽度等是窗体中标签的属性。

在面向对象的程序设计中，可以直接在属性表窗口定义对象属性，也可以用代码设置对象属性。在 VBA 代码中，使用属性时，对象名与属性名之间用一个圆点分隔。

例如：

Text1.Forecolor= VbRed   将 Text1 文本框的前景色设置为红色。

MsgBox Me.Caption   显示当前窗体的标题。

每个对象都有自己的属性，对象的类别不同，属性也会不同。同一类型的不同对象，属性也会有差异。

3. 事件

事件是对象能够识别的动作。如单击命令按钮，其中的"单击"事件是命令按钮能识别的动作。

有些事件能被多个对象识别，如"单击"事件和"双击"事件，可以被按钮、标签、复选框等多个对象识别。

响应事件的方式有以下两种。

（1）用宏对象响应对象的事件。如例 7-5。

（2）给事件编写 VBA 代码，用事件过程响应对象的事件。如例 8-1。

类模块每个过程的开始行都会显示对象名和事件名。

如 Private Sub Command1_Click()

其中，Command1 是对象名，Click 是事件名。

面向对象的程序设计用事件驱动程序。代码不是按预定顺序执行，而是在响应不同事件时执行不同代码。

对象能响应多种类型的事件，每种类型的事件又由若干种具体事件组成。

对象常用事件如第 5 章所述。

4. 方法

方法是对象能够执行的动作，不同对象有不同的方法，不同方法能完成不同的任务。如 Close 方法能关闭一个窗体，Open 方法能打开一个窗体。

在代码中调用对象方法时，对象名与方法名之间要用一个圆点相连。

例如 DoCmd.Close，关闭当前窗体。其中，Close 是系统对象 DoCmd 的内置方法。

8.2.2　用代码设置窗体属性和事件

1. 关键字 Me

Me 是 "包含这段代码的对象" 的简称，可以代表当前对象。在类模块中，Me 代表当前窗体或当前报表。

例如：

（1）Me.Label1.Caption= "学生信息"，定义窗体中标签 Label1 的 Caption 属性。

（2）Me.Caption= "学生信息一览表"，定义窗体本身的 Caption 属性。

2. 用代码设置窗体属性

能用代码设置的窗体属性主要包括窗体标题、窗体数据源、背景图片等。

例 8-3　创建窗体，窗体标题为 "用代码设置属性"，并在窗体中建立文本框 txtXm 和命令按钮 cmdStart，单击命令按钮时，窗体中插入一张图片，并在文本框中显示 "学生信息" 表中的第一条记录的姓名。

操作步骤：

（1）创建窗体，设置 "记录选择器"、"分隔线"、"导航按钮" 为不显示。

（2）在窗体中添加文本框，并将其 "名称" 属性改为 txtXm，附属标签的 "标题" 属性改为 "第一条记录"；添加图像框，将其 "名称" 属性改为 imgPhoto；创建命令按钮，将其 "名称" 属性改为 cmdStart。

（3）编写窗体的 Load 事件和命令按钮的 Click 事件，代码如图 8-8 所示。

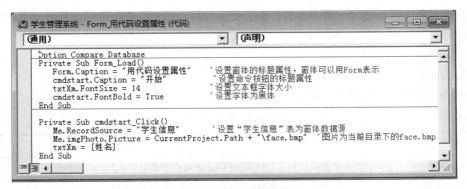

图 8-8　动态设置窗体属性

（4）转到窗体视图，单击命令按钮"开始"，显示结果如图 8-9 所示。

图 8-9　显示结果

8.2.3　编程步骤

VBA 是 Access 的内置编程语言，因此不能脱离 Access 创建独立的应用程序，也就是说 VBA 的编程必须在 Access 的环境内。VBA 编程有以下几个主要步骤。

1. 创建用户界面

创建 VBA 程序的第一步是创建用户界面，用户界面的基础是窗体以及窗体上的控件。

2. 设置对象属性

属性的设置可以通过两种方法实现。一是在窗体设计视图中，通过对象的属性表设置；二是通过程序代码设置。

3. 对象事件过程的编写

建立用户界面并为每个对象设置了属性后，重点考虑的就是需要操作哪个对象，激活什么事件，事件代码如何编写。

4. 运行和调试

事件过程编写好后，即可运行程序。若在程序运行过程中出错，系统会显示出错信息，这时应针对出错处对事件代码进行修改，然后再运行，直到正确为止。

5. 保存窗体

这时，不仅保存了窗体及控件，而且还保存了事件代码。

8.2.4　DoCmd 对象

Access 除了提供数据库的对象之外，还提供了一个重要对象 DoCmd。DoCmd 是系统对象，主要作用是调用系统提供的内置方法，在 VBA 程序中实现对 Access 的操作。例如，打开窗体、关闭窗体、打开报表、关闭报表等。

DoCmd 对象的大多数方法都有参数，除了必选参数之外，其他参数可以省略，用系统提供的默认值即可。

使用 DoCmd 调用方法的格式如下：

DoCmd.方法名　参数

用 DoCmd 对象的常用方法如表 8-1 所示。

表 8-1　　　　　　　　　　　　　　DoCmd 对象的常用方法

方法	功能	示例
OpenForm	打开窗体	DoCmd.OpenForm　"学生信息"
OpenReport	打开报表	DoCmd.OpenReport　"学生成绩"，acViewPreview

续表

方法	功能	示例
OpenTable	打开表	DoCmd. OpenTable　"课程信息"
Close	关闭对象	DoCmd. Close
RunMacro	运行宏	DoCmd. RunMacro　"Macro1"

例 8-4　创建如图 8-10 所示窗体，单击命令按钮时，使用 DoCmd 对象分别打开"学生信息浏览"窗体、"学生情况报表"报表及"Macro1"宏。

其中"学生信息浏览"窗体、"学生情况报表"报表及"Macro1"宏的创建已在前面章节中讲到过。

代码如图 8-11 所示。

图 8-10　例 8-4 窗体界面　　　　　　　　　图 8-11　使用 DoCmd 对象编程

8.3　VBA 编程基础

在编写代码时，需要用到程序设计基础知识，包括 VBA 的基本数据类型、常量与变量、运算符、表达式及常用函数。

8.3.1　VBA 的基本数据类型

在 VBA 中，不同类型的数据有不同的操作方式和不同的取值范围。VBA 的数据类型如表 8-2 所示。

表 8-2　　　　　　　　　　　　　　　VBA 的基本数据类型

类型标识	符号	字段类型	取值范围	字节数
Byte		字节	0～255	1B
Integer	%	整数	−32768～32767	2B
Long	&	长整型	-2^{31}～$+2^{31}-1$	4B
Single	!	单精度	$-3.4×10^{38}$～$3.4×10^{38}$	4B
Double	#	双精度	$-1.7×10^{308}$～$1.7×10^{308}$	8B
Currency	@	货币型	$-2^{96}-1$～$+2^{96}-1$	8B

续表

类型标识	符号	字段类型	取值范围	字节数
String	$	字符串	0～65535 个字符	与字符串长度有关
Boolean		布尔	True/False	2B
Date		日期型	100 年 1 月 1 日～9999 年 12 月 31 日	8B
Variant		变体形	数字与双精度同，文本和字符串	与数据有关
Object		对象型	任何对象引用	4B

8.3.2 常量与变量

1. 常量

在前面章节中已讲解过常量的使用。常量是指在程序运行过程中其值保持不变的量。常量包括直接常量、符号常量和系统常量。

2. 变量

变量是指程序在运行过程中其值可以改变的量，用来存储程序运行时的数据。程序利用变量来保存数据、传送数据、处理数据，才能实现其设计目的。

变量实质是内存中的临时存储单元，一个变量对应一块内存空间。为了操作方便，要对每个变量取一个变量名。在程序中，使用变量名就可以对变量的值进行存取，不必知道它的具体地址。

（1）变量命名规则

① 以字母开始，可以包括数字、字母和下画线；不能多于 255 个字符；字母不区分大小写。

② 不能与关键字重复（如 End、Print、Sub 等）。

③ 在同一作用域中，变量名不能重复。

（2）变量声明

使用变量前，一般必须声明变量名和变量类型，使系统分配相应的内存空间，并确定该空间可存储的数据类型。

① 用类型说明符来标识

把类型说明符放在变量名的尾部，可以标识不同的变量类型。其中%表示整型，&表示长整型，!表示单精度型，#表示双精度型，@表示货币型，$表示字符串型。

例如：Total%　　Amount#　　Lzlame$

② 使用 Dim 语句定义类型

格式：

```
Dim 变量名 [as  类型]
```

例如：

```
Dim cj As Integer , total    '定义 cj 变量为整型，total 为 变体型变量
```

- 使用 Dim 语句声明变量时，如果没有指定数据类型，则默认为 Variant 类型。
- 如果没有事先定义而直接在程序中使用的变量，则系统默认其为 Variant 类型。

8.3.3 表达式

在前面章节中已经介绍过表达式的使用。表达式是将常量、变量、字段名、控件属性值和函

数用运算符组成的式子，完成各种形式的运算和处理。每一个表达式都有一个值，可以用表达式值的类型作为表达式的类型。一个表达式中可能包含多个运算符，运算符的优先级别决定了表达式的求值顺序，优先级高的先运算，同级别的从左向右运算。

8.3.4　内部函数

系统提供了大量的内部函数。在这些函数中，有些是通用的，有些则与某种操作有关。大体上可分为转换函数、数学函数、字符串函数、时间/日期函数、随机数函数五类，这些函数带有一个或几个自变量。在前面章节中已经使用过一些函数。常用函数在附录 I 中列出。

在进入 VBE 环境中，可以单击"视图"→"立即窗口"命令按钮，打开"立即窗口"。在此窗口中学习相关函数的使用。例如，在立即窗口中输入如下命令：

```
x=123.456
a$="abcdef"
Print Sqr(x), Int(x), Len(a$), Ucase(a$), Left(a$,2)+Right(a$,2)
```

运算结果为：

```
11.1110755554987    123      6      ABCDEF      abef
```

8.4　VBA 程序的流程控制结构

8.4.1　语句的书写规则

VBA 语句是以"过程"形式存在的，除一些声明语句出现在模块声明部分外，其他语句都必须出现在某个具体过程中。语句的书写是在 VBE 编辑器的代码区域进行的，主要的书写规则有以下三个。

1. 将单行语句分成多行

当一个语句过长，可以采用断行的方式，用续行符（一个空格后面跟一个下画线）将长语句分成多行。

2. 将多个语句合并到同一行上

VBA 允许将两个或多个语句放在同一行，只是要用冒号"："将它们分开。例如，

```
x=100: y="hello"
```

为了便于阅读代码，最好还是一行放一个语句。

3. 在语句代码中添加注释

为了增加程序的可读性，在程序中可以添加适当的注释。VBA 在执行程序时，并不执行注释文字。注释方式有两种"Rem"和"'"。注释可以和语句在同一行并写在语句的后面，也可占据一整行。例如，

```
Rem 程序举例
DoCmd.OpenForm "学生信息管理"        '打开学生信息管理窗体
```

8.4.2　VBA 常用语句

一条语句就是能执行一定任务的一条指令。

1. 赋值语句

赋值语句用来为变量指定一个值。

格式：

<变量名>=<表达式>。

例如：

```
x = 5
s = 3.14 * x ^ 2
y = Int(s)
```

如果变量未被赋值而直接引用，则数值型变量的值为 0，字符型变量的值为空串，逻辑型变量的值为 False。

2. 用户交互函数 InputBox

InputBox 函数的作用是打开一个对话框。等待用户输入文本或选择一个按钮。当用户单击"确定"按钮或按 Enter 键时，函数返回文本框中输入的值。

函数格式：

```
InputBox(提示[,标题][,默认值][,x坐标位置][,y坐标位置])
```

例如，通过 InputBox 函数给变量 xm 赋值：

```
xm=InputBox("请输入你的名字","提示","Nancy")
```

运行结果如图 8-12 所示。

3. MsgBox 函数和 MsgBox 语句

MsgBox 使用消息框输出信息。消息框由标题栏信息、提示信息、一个图标和一个或多个命令按钮 4 个部分组成，图标的形式及命令按钮的个数可以由用户设置。

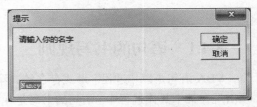

图 8-12　调用 InputBox 函数输入姓名

MsgBox 函数的格式：

```
变量名=MsgBox(提示[,按钮][,标题])
```

MsgBox 语句的格式：

```
MsgBox(提示[,按钮][,标题])
```

其中，按钮参数决定了按钮的数目及形式，使用图标样式，以及默认按钮是什么。按钮设置值如表 8-3 所示。

表 8-3　　　　　　　　　　　　　按钮值的设置及其意义

分组	系统常数	按钮值	描述
按钮数目	vbOKOnly	0	只显示"确定"按钮
	vbOKCancel	1	显示"确定"、"取消"按钮
	vbAbortRetryIgnore	2	显示"终止"、"重试"、"忽略"按钮
	vbYesNoCancel	3	显示"是"、"否"、"取消"按钮
	vbYesNo	4	显示"是"、"否"按钮
	vbRetryCancel	5	显示"重试"、"取消"按钮

续表

分组	系统常数	按钮值	描述
图标类型	vbCritical	16	"停止"图标
	vbQuestion	32	"询问"图标
	vbExclamation	48	"感叹"图标
	vbInformation	64	"信息"图标
默认按钮	vbDefaultButton1	0	第一个按钮是默认值
	vbDefaultButton2	256	第二个按钮是默认值
	vbDefaultButton3	512	第三个按钮是默认值

例如：

```
yn= MsgBox ("你的输入有误! ", 1 + 64 + 0, "确认")
```

或使用等价的另一种形式：

```
yn = MsgBox ("你的输入有误! ", vbOKCancel +vbInformation + vbDefaultButton1, "确认")
```

MsgBox 函数的返回值如表 8-4 所示。

表 8-4　　　　　　　　　　　　MsgBox 函数的返回值

系统常数	返回值	描述
vbOK	1	确定
vbCancel	2	取消
vbAbort	3	终止
vbRetry	4	重试
vbIgnore	5	忽略
vbYes	6	是
vbNo	7	否

8.4.3　顺序结构

计算机程序的执行控制流程有三种基本结构：顺序结构、分支结构和循环结构。面向对象程序设计增加了事件驱动机制，由用户触发某事件去执行相应的事件过程。这些事件处理过程之间并不形成特定的执行次序，但对每一个事件过程内部而言，又包含这三种基本结构。

顺序结构是最简单的一种结构，计算机按照语句的排列顺序依次执行每一条语句。

例 8-5　创建如图 8-13 所示窗体，解决鸡兔同笼问题。已知鸡和兔子的总头数、总脚数，编写程序计算笼子中鸡和兔子各有多少只？

分析：用 h 表示总头数，f 表示总脚数，用 c

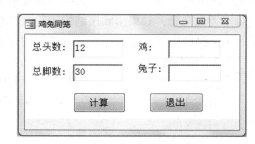

图 8-13　例 8-5 鸡兔同笼

表示鸡，r 表示兔子，则有：

$$c + r = h \qquad ①$$
$$2c + 4r = f \qquad ②$$

计算机不会直接处理这样的二元一次方程组，必须经过变形：

$$② - ① \times 2 \quad 得：$$
$$r = (f - 2 \times h)/2 \qquad ③$$
$$① \ 可以等价的变形为：$$
$$c = h - r \qquad ④$$

这时我们就可以利用已知的 f 和 h 通过③、④两个式子分别求得 r 和 c 了。

计算后的结果 r 和 c 通过文本框输出。

操作步骤：

（1）创建如图 8-13 所示窗体，将窗体标题改为"鸡兔同笼"

（2）在窗体上添加四个文本框，将其"名称"属性分别改为 txtH、txtF、txtC、txtR，附属标签的文本分别改为为"总头数"、"总脚数"、"鸡"、"兔子"。

（3）在窗体上添加两个命令按钮，将其"名称"属性分别改为 cmdStart、cmdClose，"标题"属性改为"计算"和"退出"。

（4）进行代码设计窗口，编写如下事件过程：

```
Private Sub cmdClose_Click()
    DoCmd.Close
End Sub
Private Sub cmdStart_Click()
    Dim h!, f!, c!, r!
    h = txtH            '将在文本框中输入的头数赋予变量 h
    f = txtF            '将在文本框中输入的脚数赋予变量 f
    r = (f - 2 * h) / 2
    c = h - r
    txtC = c            '将变量 c 在文本框中输出
    txtR = r            '将变量 r 在文本框中输出
End Sub
```

（5）保存窗体，运行程序。

8.4.4 选择结构

程序设计中经常遇到这类问题，它需要根据不同的情况采用不同的处理方法。例如，对于一元二次方程的求根问题，要根据判别式小于或大于等于零的情况，采用不同的数学表达式计算。对于类似问题，如果用顺序结构编程，显然力不从心，必须借助选择结构。

选择结构即根据条件，选择执行的分支，VBA 提供了多种形式的选择结构。

1. 单分支结构

格式 1：IF ＜条件＞ THEN ＜语句序列＞

格式 2：

```
IF <条件> THEN
    <语句序列>
END IF
```

执行过程：判断条件，如果为真，执行语句序列；如果为假，则不执行语句序列而直接执行 END IF 后面的语句。

例如，创建一个模块，录入以下程序代码：

```
Sub Panduan()
  Dim x As Integer
  x = InputBox("请输入 X 的值")
  If x > 0 Then
      MsgBox "这是一个正数"
  End If
End Sub
```

运行模块时，当输入的值大于零时，弹出消息框提示为"这是一个正数"。

2. 双分支结构

格式：

```
IF <条件>  THEN
        <语句序列 1>
[ELSE
        <语句序列 2>]
END IF
```

执行过程：判断条件，如果为真，执行语句序列 1；如果为假，执行语句序列 2。

例 8-6　输入一个成绩，给出"及格"或"不及格"的信息提示。

操作步骤：

（1）创建一个新模块。

（2）在代码窗口输入以下过程代码。

```
Sub Cjmark()
    Dim cj As Integer
    cj = InputBox("请输入成绩：")
    If cj >= 60 Then
      MsgBox  "及格"
    Else
        MsgBox  "不及格"
    End If
End Sub
```

（3）运行该过程。

例 8-7　完善例 8-5 鸡兔同笼问题，当计算结果为负数或小数时，提醒用户"数据有误"，并重新输入总头数和总脚数。

在例 8-5 的基础上，对数据的输出加上条件控件，事件过程修改如下：

```
Private Sub cmdStart_Click()
    Dim h!, f!, c!, r!
    h = txtH
    f = txtF
    r = (f - 2 * h) / 2
    c = h - r
    If  r= Int (r) And c = Int(c) And r >= 0 And c >= 0 Then
        txtC = c
        txtR = r
```

```
    Else
        MsgBox  "输入数据有误，请重新输入! ", vbCritical + vbOKOnly, "提醒"
        txtH = ""              '清除文本框中的数据
        txtF= ""
    End If
End Sub
```

3. IF … THEN … ELSEIF 多分支结构

格式：

```
IF 条件 1  THEN
    语句序列 1
ELSEIF 条件 2 THEN
    语句序列 2
……
[ELSE
    语句序列 n+1]
END IF
```

执行过程：依次判断条件，如果找到一个满足的条件，则执行其下面的语句序列，然后跳过 END IF，执行后面的语句。如果所列的条件都不满足，则执行 ELSE 语句后面的语句序列；如果所列出的条件都不满足，又没有 ELSE 子句，则直接跳过 END IF，执行其后面的语句。

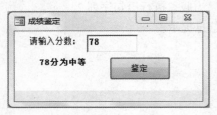

图 8-14　成绩鉴定窗体

例 8-8　编写程序，将学生的百分制成绩按要求转换成相应的等次输出。成绩在[90，100]为"优秀"；成绩在[80，90]为"良好"；成绩在[70，80]为"中等"；成绩在[60，70]为"及格"，60 分以下的为"不及格"。

操作步骤：

（1）创建如图 8-14 所示窗体。添加文本框，"名称"属性改为 txtCj；添加标签，"名称"属性改为 lblMark；添加命令按钮，"名称"属性改为 cmdStart，"标题"属性改为"鉴定"。

（2）进入代码设计窗口，编写如下事件过程：

```
Private Sub cmdStart_Click()
    Dim score!, grade$
    score = txtCj.Value
    If score >= 90 Then
        grade = "优秀"
    ElseIf score >= 80 Then
        grade = "良好"
    ElseIf score >= 70 Then
        grade = "中等"
    ElseIf score >= 60 Then
        grade = "及格"
    Else
        grade = "不及格"
    End If
    lblMark.Caption = score & "分为" & grade
End Sub
```

4. SELECT CASE 语句（情况语句）

格式：

```
SELECT  CASE  <变量或表达式>
        CASE  <表达式 1>
                <语句组 1>
        CASE  <表达式 2>
                <语句组 2>
        ……
        CASE  <表达式 n>
                <语句组 n>
        [CASE  ELSE
                <语句组 n+1>]
END SELECT
```

执行过程：首先计算变量或表达式的值，然后依次计算 CASE 子句中表达式的值，如果变量或表达式的值和某个 CASE 表达式的值吻合，则执行相应的语句序列，然后执行 END SELECT 下面的语句。当前 CASE 表达式的值不满足，则进行下一个 CASE 语句的判断。如果都不满足，有 CASE ELSE 部分则执行语句序列 n+1，否则执行 END SELECT 后面的语句。

CASE 语句中的表达式有三种不同的形式。

① 一组枚举值或单个值，相邻两个值之间用逗号隔开。例如，Case　2, 4, 6, 9。

② 用关键字 To 指定值的范围。例如，Case　"A"　To　"E"。

③ 使用关键字 Is 指定条件。Is 后面紧跟关系运算符和一个变量或值。

例如，Case　Is<=12。

④ Case 语句中的条件可以是以上形式的组合。例如，Case　2, 4, 9 To 12。

例 8-9　将例 8-8 的程序代码用 Select　Case 情况语句完成。

程序代码如下：

```
Private Sub cmdStart_Click()
    Dim score!, grade$
    score = txtCj
    Select Case  score
        Case Is >= 90
                grade = "优秀"
        Case Is >= 80
                grade = "良好"
        Case Is >= 70
                grade = "中等"
        Case Is >= 60
                grade = "及格"
        Case Else
                grade = "不及格"
    End Select
    lblmark.Caption = score  &  "分为"  & grade
End Sub
```

5. IIF()函数

格式：

```
IIF(<条件表达式>, <表达式 1>, <表达式 2>)
```

IIF 函数首先要计算<条件表达式>，当<条件表达式>的值为"真"时，则 Iif 函数返回<表达

式 1>的值；否则，返回<表达式 2>的值。

例如，求 x,y 中大的数，将其存入 MaxNum 变量中，可以使用如下语句：

```
MaxNum = IIf(x > y, x, y)
```

8.4.5 循环结构

顺序结构和分支结构中的每一条语句，一般只执行一次，但是实际应用中有时需要重复执行某些语句，使用循环控制结构可以实现此功能。

1. FOR 循环

格式：

```
FOR  <循环变量=初值> TO <终值>  [STEP  <步长>]
     <循环体语句序列>
     [EXIT FOR ]
NEXT [<循环变量>]
```

执行过程：

先把初值赋给循环变量，并将循环变量的当前值与终值比较，若比较结果为真，执行循环体语句序列，增加一个步长，再进行比较，如此循环下去，直到比较结果为假，结束循环。

（1）步长可以是整数或小数，步长是 1 可以省略，默认步长为 1。

（2）若步长大于 0，判断循环变量的当前值是否大于终值。若步长小于 0，判断循环变量的当前值是否小于终值。步长不能为 0，步长为 0 会导致循环无法结束。

（3）可以用 Exit For 语句中途结束循环。

（4）Next 后的循环变量可以省略，由系统匹配。

例 8-10 求 1+2+3+…+100 的和。

创建如图 8-15 所示窗体，添加文本框，"名称"属性改为 txt1；添加命令按钮，"标题"属性改为"求和"，"名称"属性改为 Cmd1。

进入代码设计窗口，编写如下事件过程：

```
Private Sub Cmd1_Click()
    Dim i As Integer
    Dim s As Integer
    For i = 1 To 100
        s = s + i
    Next
    txt1.Value = s
End Sub
```

例 8-11 求 n!(n 为自然数)

创建如图 8-16 所示窗体，添加文本框，"名称"属性改为 txt1；添加命令按钮，"标题"属性改为"求阶乘"，"名称"属性改为 Cmd1。

进入代码设计窗口，编写如下事件过程：

```
Private Sub Cmd1_Click()
    Dim i As Integer
```

```
Dim n As Integer
Dim p As Long
n = InputBox("请输入一自然数：")
P = 1
For i = 1 To n
    p = p *i
Next
txt1.Value = n & "的阶乘是" & p
End Sub
```

图 8-15　求和界面

图 8-16　求 n! 窗体界面

2. DO-WHILE-LOOP 循环

格式：

```
DO  WHILE  <循环条件>
    <语句序列>
    [EXIT DO]
LOOP
```

执行过程：先检查循环条件，若条件为真，执行语句序列，执行到 LOOP 语句返回循环开始处，重新判断条件，若条件仍为真，再次执行语句序列，重复下去，直到条件为假退出循环。

（1）重复执行的语句序列称为循环体，用 EXIT DO 可以中途退出循环。

（2）要在 DO-WHILE-LOOP 循环之前给循环变量赋初值，在循环体内改变循环变量。

例 8-12　编写程序，求自然数前 n 项和小于 1000 的最大的 n 值

操作步骤：

添加新模块，过程代码如下：

```
Sub Maxdata()
    Dim s%, n%
    n= 0
    s = 0
    Do While s < 1000
        n = n + 1
        s = s + n
    Loop
    MsgBox "自然数前 n 项和小于 1000 的最大的 n 值：" &n - 1
    MsgBox "自然数前 " & n - 1 & " 项的和：" & s - n
End Sub
```

运行该过程，结果如图 8-17 所示。

图 8-17 运行结果

3. DO-UNTIL-LOOP 循环

格式：

```
DO  UNTIL 循环条件
    语句序列
    [EXIT DO]
LOOP
```

执行过程：先检查循环条件，若条件为假，执行语句序列，到 LOOP 语句返回循环开始处，重新判断条件，若条件仍为假，再次执行语句序列，依次下去，直到条件为真退出循环。

（1）用 EXIT DO 可以中途退出循环。
（2）要在循环之前给循环变量赋初值，在循环体内改变循环变量。

例 8-13 输入若干个学生成绩，以-1 为结束标志，求这些成绩的平均值。

操作步骤：

添加新模块，过程代码如下：

```
Sub Avgcj()
    Dim cj As Integer, i As Integer, avg As Single
    i = 1
    cj = InputBox("请输入第" & i & "位学生的成绩")
    Do Until cj= -1
        avg = avg + cj
        i= i + 1
        cj= InputBox("请输入第" & i & "位学生的成绩")
    Loop
    MsgBox("平均成绩=" & Round(avg / (i - 1), 1))
End Sub
```

与 For 循环相比，Do- Loop 循环不仅可以用于循环次数已知的情况，而且可以用于循环次数未知的情况，适用的范围更广。

4. 多重循环

如果一个循环语句的循环体中嵌套了另一个循环语句，这种循环结构称为多重循环。

例 8-14 在立即窗口下，打印如图 8-18 所示格式的九九乘法口诀。

```
立即窗口
1*1=1
1*2=2    2*2=4
1*3=3    2*3=6    3*3=9
1*4=4    2*4=8    3*4=12   4*4=16
1*5=5    2*5=10   3*5=15   4*5=20   5*5=25
1*6=6    2*6=12   3*6=18   4*6=24   5*6=30   6*6=36
1*7=7    2*7=14   3*7=21   4*7=28   5*7=35   6*7=42   7*7=49
1*8=8    2*8=16   3*8=24   4*8=32   5*8=40   6*8=48   7*8=56   8*8=64
1*9=9    2*9=18   3*9=27   4*9=36   5*9=45   6*9=54   7*9=63   8*9=72   9*9=81
```

图 8-18 九九乘法口诀

操作步骤：

添加新模块，过程代码如图 8-19 所示。

```
(通用)                                          ▼  cfkj                                          ▼
Option Compare Database
Sub cfkj()
Dim i As Integer, j As Integer, z As Integer
For i = 1 To 9                          '外层循环：i用于控制行数，共有9行
    j = 1                               'j用于控制列数，每行都从第1列开始
    Do While j <= i                     '内层循环：控制每行中的输出列数，输出列数与行有关
        z = i * j
        Debug.Print j & "*" & i & "=" & z,  '在立即窗口输入出口诀，","表示每个口诀之间间隔一个tab键
        j = j + 1
    Loop                                '内层循环结束
    Debug.Print ""                      '换行，下一个输出从新行开始
Next i                                  '外层循环结束
End Sub
```

图 8-19　例 8-14 模块代码

① 该程序包含了二重循环。外面的循环称为外循环，由循环变量 i 控制，内部的循环称为内循环，由循环变量 j 控制。

② 程序执行从 i 循环开始，i 每取一个值，内循环 j 就要从 1 至 i 取一遍。变量 i 控制行数，变量 j 控制每行输出的列数。

③ Debug.Print 语句用于在立即窗口输出信息。其语法格式为：

DEBUG.PRINT <输出项列表>

<输出项列表>由一个或多个表达式组成，各项之间的分隔符有逗号 "," 和分号 ";" 两种形式。逗号 "," 表示与下一个输出项间距为一个 Tab 键，分号 ";" 表示与下一个输出项间距为一个空格键。若<输出项列表>最后没有符号，则下一个输出项将换行输出。

8.5　数　　组

在现实生活中，存在着各种各样的数据。有些数据之间没有太多的内在联系，用简单变量就可以进行存取和处理。但是，在实际工作中，常常会遇到大批的有着内在联系的数据需要处理，需要引入一个重要的概念——数组来解决。

数组的实质是内存中一片连续存储空间，该连续存储空间由一组具有数据类型的子空间组成，每个子空间对应一个变量，这个变量称为数组的一个元素，也称为数组元素变量。数组元素在数组中的序号称为下标。系统通过数组名和相应的下标即可访问数组元素。

数组的优点是用数组名代表逻辑上相关的一批数据。

8.5.1　数组的声明

数组在使用前，必须显式声明，可以用 Dim 语句来声明数组。

1.　一维数组声明

DIM　数组名([下标下界 TO] 下标上界) [AS 数据类型]

下标必须为常数，不允许是表达式或变量。如是不指定下界，下界的默认值为 0。

例如：

```
Dim y(5) As Integer            '定义了一个一维数组，占据 6 个整型变量空间
Dim x(1 to 5) As Integer       '定义了一个一维数组，占据 5 个整型变量空间
```

2. 二维数组声明

DIM　数组名([下标下界 TO] 下标上界,[下标下界 TO] 下标上界) [AS 数据类型]

上标、下标必须为常数，不允许是表达式或变量。如是不指定下界，下界的默认值为 0。

例如：

Dim c(2 ,3) As Integer

该语句声明了一个二维数组 c，它包含了 12 个元素，每个元素都是一个整型变量。系统为此声明分配的内存空间可用图 8-20 所示来描述。

c	c(0,0)	c(0,1)	c(0,2)	c(0,3)
	c(1,0)	c(1,1)	c(1,2)	c(1,3)
	c(2,0)	c(2,1)	c(2,2)	c(2,3)

图 8-20　二维数组示意图

8.5.2　数组的使用

数组声明后，数组中的每个元素都可以当作简单变量来使用。

例如 y(3)是一个数组元素，其中 y 为数组名，3 是下标。在使用数组元素时，必须把下标放在一对紧跟在数组名之后的括号中。Y(3)是一个数组元素，Y3 是一个简单变量。

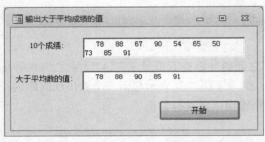

图 8-21　输出大于平均成绩的值 窗体界面

例 8-15　输入任意 10 个学生的成绩，输出大于平均成绩的数据。

创建如图 8-21 所示窗体。添加一文本框，"名称"属性改为 Txt1，附属标签为"10 个成绩"，用于显示 10 个成绩；添加一文本框，"名称"属性改为 Txt2，附属标签为"大于平均数的值"，用于显示大于平均成绩的数；添加命令按钮，"标题"属性改为"开始"，"名称"属性改为 cmdStart。

进入代码设计窗口，编写如下事件过程：

```
Private Sub cmdStart_Click()
    Dim a(10) As Single, s As Single ,avg As Single
    For i = 1 To 10
        a(i) = InputBox( "请输入第" & i & "个数")
        s = s + a(i)
        Txt1 = Txt1 & "   " & a(i)
    Next i
    avg = s / 10
    For i = 1 To 10
        If a(i) > avg Then
            Txt2 = Txt2 & "   " & a(i)
        End If
    Next i
End Sub
```

8.6　过程调用与参数传递

VBA 程序功能是通过"过程"实现的，过程是完成特定任务的一个程序段，该程序段由相关

语句组成，前面各个例子中建立的程序段都对应一个过程。利用过程可以将复杂的处理代码分解成多个部分，以便管理和维护。

　　模块是过程的组成形式，所有过程都存在于相应的模块中，一个模块可以包含多个过程。

　　根据过程是否有返回值将过程分为两类：SUB 过程和 FUNCTION 过程。

　　（1）SUB 过程

　　SUB 过程无返回值，不能用在表达式中。事件过程也是一种 SUB 过程。前面介绍的例子均是 SUB 过程。

　　（2）FUNCTION 过程

　　FUNCTION 过程有返回值，常用在表达式中。调用 FUNCTION 过程就像使用基本函数一样。

8.6.1　SUB 过程

SUB 过程又称为子过程，调用 SUB 过程只执行一系列操作，无返回值。

1. SUB 过程定义格式

```
SUB <过程名>（[形参 1  AS 数据类型，形参 2  AS 数据类型，…] ）
    <语句序列>
END  SUB
```

2. SUB 过程调用格式

格式 1：CALL <过程名>（[实参 1，实参 2，…] ）

格式 2：<过程名>　实参 1，实参 2，…

3. 说明

（1）参数之间用逗号分隔，形参与实参要个数相同，类型匹配。

（2）调用 SUB 过程时，格式 1 的实参必须加括号，格式 2 的实参不能加括号。

（3）用 EXIT SUB 语句可以立即从 SUB 过程退出。

（4）标准模块中的过程可以被所有对象调用，类模块中的过程只在本模块中有效。

　　例 8-16　创建两个子程序过程 add 和 substract，add 过程实现两个参数相加，substract 实现两个参数相减。输入两个数，调用这两个子程序，计算相加和相减的结果。

　　创建标准模块，在代码窗口中输入以下过程代码，如图 8-22 所示。

图 8-22　子程序创建与调用

执行子过程 main( )，按要求依次输入 x、y 的值，计算出两数的和与差。

8.6.2 Function 过程

FUNCTION 过程又称为自定义函数，因为 Function 过程有返回值，所以建立过程时要给返回值定义数据类型。Function 过程通常在标准模块中定义，使用方法与内置函数相似。

1. FUNCTION 过程定义格式

```
FUNCTION  <过程名>（[<形参 1  AS 数据类型，形参 2  AS 数据类型，…>]）[AS 数据类型]
    <语句序列>
    <过程名>=<表达式>
END FUNCTION
```

2. FUNCTION 过程调用格式

调用 FUNCTION 过程的方式是直接引用过程名，过程名通常用在表达式中。

3. 说明

（1）形参与实参要个数相同、类型匹配。

（2）"过程名=表达式" 是定义 FUNCTION 过程不可缺少的语句。

（3）用 EXIT FUNCTION 可以中途退出 FUNCTION 过程。

（4）可以用 PUBLIC 或 PRIVATE 或 STATIC 定义过程的作用域。

图 8-23　使用 Function
过程，计算阶乘

例 8-17　使用 FUNCTION 过程，计算 C_n^m 的值。

分析：求组合 C_n^m 的数学式为：n!/(m!*(n-m)!)。本题编写一个求阶乘的函数，分别调用三次，每次的调用参数分别为 n，m，n-m。

操作步骤：

创建如图 8-23 所示窗体。添加三个文本框，分别将它们的"名称"属性改为 txtM，txtN、txtResult，将它们附属标签改为 "m="、"n="、 "C="；在第三个文本框附属标签附近添加两个标签，将它们的"标题"属性改为 "m"、"n"，"名称"属性改为 "lblm"、"lbln"；添加命令按钮，"标题"属性改为"开始"，"名称"属性改为 cmdStart。

进入代码设计窗口，编写如下事件过程：

```
Function  jc(p As Integer)  As Long
    Dim i As Integer, s As Long
    s = 1
    For i = 1 To p
        s = s * i
    Next i
    jc = s
End Function
Private Sub cmdStart_Click()
    Dim n  As Integer, m As Integer, result As Long
    n = txtN
    m = txtM
    If  n >= m And n>0 And m>=0 Then
        c = jc(n) / (jc(m) * jc(n - m))
        txtresult = c
        lblm.Caption = m
        lbln.Caption = n
    Else
```

```
        MsgBox "数据录入有误，请重录", vbCritical
    End If
End Sub
```

8.6.3 参数传递

在调用过程中，一般主调用过程和被调用过程之间有数据传递，也就是主调用过程的实参传递给被调用过程的形参，然后执行被调用过程。实参向形参的数据传递有两种方式：传值方式和传址方式。

1. 传值方式

在形参前面加 ByVal 说明符，表示参数传递是传值方式，是一种单向的数据传递。即调用时只能由实参将值传递给形参，调用结束后不能由形参将操作结果返回给实参。

实参可以是常量或表达式。

2. 传址方式

在形参前面加 ByRef 说明符或省略不写，表示参数传递是传址方式，是一种双向的数据传递。即调用时由实参将值传递给形参，调用结束后由形参将操作结果返回给实参。

实参只能是变量。

例 8-18 阅读下面程序代码，分析程序运行结果。

主调用过程代码如下：

```
Private Sub Cmd1_Click()
    Dim x%, y%
    x = txt1
    y = txt2
    Cscd x, y
    lbl1.Caption = "x=" & x
    lbl2.Caption = "y=" & y
End Sub
```

子过程代码如下：

```
Sub Cscd(ByRef a As Integer, ByVal b As Integer)
  a = a + 10
  b = b + 10
End Sub
```

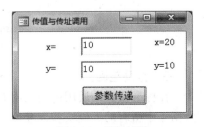

图 8-24 运行结果

当给 x,y 分别输入 10 时，单击命令按钮，标签显示结果为 x=20,y=10。窗体界面如图 8-24 所示。

模块代码分析：

子过程中，x 和 a 的参数传递采用传址方式，过程调用结束后，形参 a 的值返回给实参 x，参数 x 发生变化。y 和 b 的参数传递采用传值方式，过程调用结束后，形参 b 的值不返回，实参 y 的值不发生变化。

8.6.4 变量的作用域

变量可被访问的范围称为变量的作用范围，也称为变量的作用域。变量的作用域有三个层次：局部范围、模块范围和全局范围。

1. 局部范围

在模块的过程内部用 Dim 或 Static 关键字声明的变量，称为局部变量。局部变量的作用范围是局部的，只在过程执行期间才存在。

如图 8-25 所示，事件过程和子过程都声明了变量 i，但是之间没有任何关系。

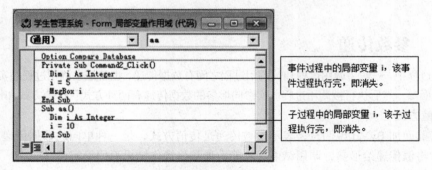

图 8-25　局部变量举例

2. 模块范围

变量定义在模块的所有子过程或函数过程的外部，在模块的通用声明区域，用 Dim 或 Private 关键字声明的变量，称为模块级变量。模块级变量在声明它的整个模块中的所有过程中都能使用，但其他模块过程却不能访问。一旦模块运行结束，模块变量的内容自动消失。

如图 8-26 所示，i 和 k 变量在该模块的所有过程中都有效。

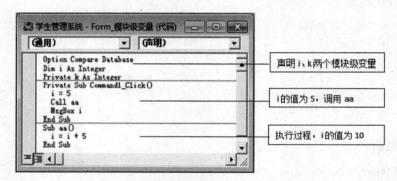

图 8-26　模块级变量举例

3. 全局范围

在标准模块的通用声明段用 Public 关键字声明的变量，称为全局变量。全局变量在声明它的数据库中所有的类模块和标准模块的所有过程中都能使用。

例如，在标准模块的通用声明区域声明全局变量的语句格式是：

```
Public i As Integer
```

8.6.5　变量的生存期

从变量的生存期来分，变量又分为动态变量和静态变量。

1. 动态变量

在过程中，用 Dim 关键字声明的局部变量属于动态变量。动态变量的生存期是指：从变量所在的过程第一次执行，到过程执行完毕，自动释放该变量所占的内存单元为止的这一段时间。

2. 静态变量

在过程中，用 Static 关键字声明的局部变量属于静态变量。静态变量在过程运行时可保留变量的值，即每次调用过程时，用 Static 说明的变量保持上一次的值。

例 8-19　比较动态变量和静态变量的应用。

窗体界面如图 8-27 所示，其中用于显示 x、y 值的标签分别为 b1、b2，命令按钮为 Cmd1。代码如下：

图 8-27　使用动态和静态变量

```
Private Sub Cmd1_Click()
    Dim x%
    Static y%
    x = x + 1
    y = y + 1
    b1.Caption = x
    b2.Caption = y
End Sub
```

连续单击"开始"按钮 5 次，运行结果如图 8-27 所示。

因为 x 为动态变量，它的值总是从 0 开始，所以值为 1。变量 y 为静态变量，它的值从上一个过程结果开始，所以值为 5。

例 8-20　修改"系统登录"窗体，当用户名和密码 3 次输入不正确时，关闭该登录窗体。
代码如下：

```
Private Sub cmdstart_Click()
    Static n  As Integer
    n = n + 1
    If (Forms!系统登录.userpwd = Forms!系统登录.密码) Then
        DoCmd.Close , ""
        DoCmd.OpenForm "学生管理系统", acNormal, "", "", , acNormal
    Else
        If n = 3 Then
            MsgBox "登录次数已超过 3 次,将退出系统!!", vbCritical
            DoCmd.Close
        Else
            Beep
            MsgBox  "口令有误", vbCritical, "口令有误"
            Me.userpwd = ""                '口令清空
            Me.userpwd.SetFocus            '将光标定位在口令文本框,准备重新输入
        End If
    End If
End Sub
```

运行窗体，输入用户名和密码，如果用户名和密码输入正确，则进入下一个窗体界面；如果有错误码，则弹出"口令有误"对话框；如果 3 次都不正确，则弹出如图 8-28 所示对话框，并关闭该窗体。

图 8-28　密码错误对话框

8.7 VBA 的数据库编程

通过 Access 提供的设计器和向导等工具，可以很轻松地创建表、查询、报表、宏等对象。在此基础上，利用 VBA 编程技术，可以使开发的系统使用起来比较方便，功能比较完善。当然，如果希望功能更强大，使用更方便，可以使用数据访问接口。

通过数据访问接口，可以在 VBA 代码中处理打开的或没有打开的数据库、表、查询、字段、索引等对象，可以编辑数据库中的数据。也就是说数据的管理和处理完全代码化。

在 VBA 中主要提供了三种数据访问接口。

① ODBC API：Open Database Connectivity Application Programming Interface(开放数据库互联应用编程接口)。

② DAO：Data Access Object（数据访问对象）。

③ ADO：ActiveX Data Object（ActiveX 数据对象）。

在本书中将着重介绍 ADO 的应用。

8.7.1 ADO 数据访问接口

1. ADO 对象模型

ADO 是一个组件对象模型，模型中包含了一系列用于连接和操作数据库的组件对象。系统已经完成了组件对象的类定义，只需在程序中通过相应的类类型声明对象变量，就可以通过对象变量来调用对象方法、设置对象属性，以此来实现对数据库的各项访问操作，如图 8-29 所示。

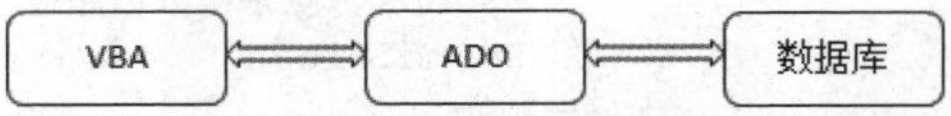

ADO 模型中包含的对象如表 8-5 所示。

图 8-29　通过 ADO 数据访问接口访问数据库

表 8-5　　　　　　　　　　　　ADO 模型对象包含的对象

对　　象	作　　用
Connection	建立与数据库的连接，通过连接可以从应用程序中访问数据源
Command	在建立与数据库的连接后，发出命令操作数据源
Recordset	与连接数据库中的表或查询相对应，所有对数据的操作基本上都是在记录集中完成的
Field(s)	表示记录集中的字段数据信息
Error	表示程序出错时的扩展信息

2. 设置 ADO 库的引用

在使用 ADO 之前，必须引用包含 ADO 对象和函数的库。其引用设置方法如下。

（1）进入 VBA 编程环境。

（2）单击"工具"→"引用"命令，打开"引用"对话框。

（3）在可使用的引用中，选择"Microsoft　ActiveX Data Objects2.1　Library"。单击"确定"按钮。

8.7.2 ADO 访问数据库步骤

通过 ADO 编程实现数据库访问时，首先要创建 ADO 对象变量，然后通过对象变量调用对象的方法，设置对象的属性，实现数据库的各种访问。

1. 创建对象变量

定义连接对象变量：Dim cn As ADODB. Connection

定义记录集对象变量：Dim rs As. ADODB. RecordSet

定义字段对象变量：Dim fs As. ADODB. Field

2. 对象变量赋值

```
cn.Open <连接串等参数>        '打开一个连接
rs.Open  <查询串等参数>       '打开一个记录集
set fs=…                     '设置字段引用
```

3. 通过对象的方法和属性进行操作

（1）Command 对象。

Command 对象主要用来执行查询命令，获得记录集，其常用属性和方法如表 8-6 和表 8-7 所示。

表 8-6　　　　　　　　　　　　Command 对象常用属性

名称	含义
ActiveConnection	指明 Connection 对象
CommadnText	指明查询命令的内容，可以是 SQL 语句

表 8-7　　　　　　　　　　　　Command 对象常用属性

名称	含义
Excute	执行 CommandText 属性中定义的查询语句

（2）Record 对象。

通过 Record 对象可以读取数据库中的记录，进行添加、删除、更新和查询操作。其常用属性和方法如表 8-8 和表 8-9 所示。

表 8-8　　　　　　　　　　　　Record 对象常用属性

名称	含义
Bof	如果为真，指针指向记录集的顶部
Eof	如果为真，指针指向记录集的底部
RecordCount	返回记录集对象中记录的个数
Filter	设置筛选条件过滤出满足条件的记录

表 8-9　　　　　　　　　　　　Record 对象常用方法

名称	含义
AddNew	添加新记录
Delete	删除当前记录
Find	查找满足条件的记录
Move	移动记录指针位置
MoveFirst	指针定位在第一条记录

名称	含义
MoveLast	指针定位在最后一条记录
MoveNext	指针定位在下一条记录
MovePrevious	指针定位在上一条记录
Update	将 Recordset 对象中的数据保存到数据库
Close	关闭连接或记录集

对记录集进行添加、删除、修改操作后，要调用记录集对象的 Update 方法对后台数据库的内容进行相应的更新。

4. 操作后的收尾工作

```
Rs.Close                '关闭记录集
Set rs= Nothing         '回收记录集对象变量占有的内存
```

例 8-21 使用 ADO 编程，完成对"课程信息"表记录的添加、查找、删除功能。

操作步骤：

（1）创建如图 8-30 所示窗体，建立四个文本框，"名称"属性分别改为 txt 课程号、txt 课程名、txt 学分、txt 先修课，附加标签的标题分别为"课程号"、"课程名"、"学分"、"先修课"。建立四个命令按钮，"名称"属性分别改为 cmd 添加、cmd 删除、cmd 查找、cmd 退出。

图 8-30　窗体界面

（2）在 VBA 代码窗口中，声明模块级变量。

```
Dim cnn As ADODB. Connection    '建立连接对象用于数据库连接
Dim rs As ADODB. Recordset      '建立记录集对象用于存放记录
Dim temp As String
```

（3）在窗体加载时，为对象变量赋值，找开"课程信息"表，清空四个文本框。

```
Private Sub Form_Load()
    Set cnn = CurrentProject.Connection                     '打开与数据源的连接
    Set rs = New ADODB. Recordset
    temp = "Select * From 课程信息"
    rs.Open temp, cnn, adOpenKeyset, adLockOptimistic       '打开记录集
    txt 课程号.Value = ""
    txt 课程名.Value = ""
```

```
            txt 学分.Value = ""
            txt 先修课.Value = ""
      End Sub
```

（4）进行添加操作时，"课程名"、"课程号"、"学分"对应的文本框不能为空，并且输入的新课程号不能与"课程信息"表中的重复。使用 AddNew 方法可以使记录集处于添加状态；使用 Update 方法将记录集中的数据保存到数据库中；使用 CancleUpdate 方法取消添加。"添加"事件代码如下：

```
Private Sub cmd添加_Click()
    Dim aok As Integer
    If  txt 课程号.Value = "" Or  txt 课程名.Value = "" Or  txt 学分.Value = "" Then
        MsgBox "输入的数据为空,请重新输入!", vbOKOnly, "错误提示!"
        txt 课程号.SetFocus
    Else
        rs.Close
        temp = "select * from 课程信息 where 课程号='" & txt 课程号 & "'"
        rs.Open temp, cnn, adOpenKeyset, adLockOptimistic
        If rs.RecordCount > 0 Then
            MsgBox "输入的课程号重复,请重新输入", vbOKOnly, "错误提示!"
            txt 课程号.SetFocus
            txt 课程号.Value = ""
        Else
            rs.AddNew                    '使记录集处于添加状态
            rs("课程号") = txt 课程号.Value
            rs("课程名") = txt 课程名.Value
            rs("学分") = txt 学分.Value
            rs("先修课") = txt 先修课.Value
            aok = MsgBox("确认添加吗?", vbOKCancel, "确认提示!")
            If aok = 1 Then
                rs.Update                '更新记录集，将更新写回数据库
            Else
                rs.CancelUpdate          '取消添加
            End If
            txt 课程号.Value = ""
            txt 课程名.Value = ""
            txt 学分.Value = ""
            txt 先修课.Value = ""
        End If
    End If
End Sub
```

（5）查找事件代码如下：

```
Private Sub Cmd查找_Click()
    Dim strsearch As String
    strsearch = InputBox("请输入要查的课程号", "查找输入")
    temp = "select * from 课程信息 where 课程号 ='" & strsearch & "'"
    rs.Close
    rs.Open temp, cnn, adOpenKeyset, adLockOptimistic
    If Not rs.EOF Then
```

```
        MsgBox "找到了!"
        txt 课程号.Value = rs("课程号")
        txt 课程名.Value = rs("课程名")
        txt 学分.Value = rs("学分")
        txt 先修课.Value = rs("先修课")
    Else
        MsgBox "没找到!"
    End If
End Sub
```

（6）删除事件代码如下：

```
Private Sub cmd删除_Click()
    Dim strsearch As String
    strsearch = InputBox("请输入要查找的课程号", "查找输入")
    temp = "select * from 课程信息 where 课程号 ='" & strsearch & "'"
    rs.Close
    rs.Open temp, cnn, adOpenKeyset, adLockOptimistic
    If Not rs.EOF Then
        MsgBox "找到了!"
        txt 课程号.Value = rs("课程号")
        txt 课程名.Value = rs("课程名")
        txt 学分.Value = rs("学分")
        txt 先修课.Value = rs("先修课")
        If MsgBox("确定要删除该记录内容吗?", vbYesNo, "确认") = vbYes Then
            rs.Delete                         '删除记录
            txt 课程号.Value = ""
            txt 课程名.Value = ""
            txt 学分.Value = ""
            txt 先修课.Value = ""
        End If
    Else
        MsgBox "没找到!"
    End If
End Sub
```

（7）退出事件代码如下：

```
Private Sub cmd退出_Click()
    rs.Close                 '关闭记录集
    cnn.Close                '关闭连接
    Set rs = Nothing         '回收记录集对象变量占用的内存
    Set cnn = Nothing        '回收连接对象变量占用的内存
    DoCmd.Close
End Sub
```

8.8　VBA 程序的调试

编写程序并上机执行往往很难做到一次成功，所以在编程过程中需要不断地检查和纠正错误并上机调试，这个过程就是程序的调试。

8.8.1 常见错误类型

编写程序不可避免地会发生错误，常见的错误有如下三种。

1. 语法错误

语法错误是指输入了不符合程序设计语言语法要求的代码，这是初学者经常犯的错误。

如 If 语句的条件后面忘记写 Then，Dim 写成了 Din 等。

由于 Access 的代码编辑窗口是逐行检查的，如果在输入时发生了此类错误，编辑会随时指出，并将出现错误的语句用红色显示。根据出错提示，及时改正错误就可以了。

2. 运行错误

运行错误是指在程序运行中发现的错误。例如数据传递时类型不匹配，试图打开一个不存在的文件等，这时系统会在出现错误的地方停下来，并打开代码窗口，给出运行时错误提示信息并告知错误类型。修改了错误以后，选择"运行→继续"命令，继续运行程序，也可以选择"运行"→"重新设置"命令退出中断状态。

3. 逻辑错误

程序运行时没有发生错误，但程序没有按照所期望的结果执行。产生逻辑错误的原因很多，一般难以查找和排除，有时需要修改程序的算法来排除错误。

8.8.2 调试方法

1. Debug.Print 语句

在 VBA 中添加 Debug. print 语句可以对程序的运行实行跟踪。

例如，程序中有变量 x，如果程序调试过程中要对变量 x 进行监视，就可以在适当位置加上以下语句：

```
Debug. Print  x
```

在程序调试的过程中，在立即窗口中就会显示 x 的当前值。在一个程序代码中可以使用多个 Debug. Print 语句，也可对同一个变量使用多个 Debug. Print 语句。

2. 设置断点

在程序中人为设置断点，当程序运行到设置了断点的语句时，会自动暂停运行，将程序挂起，进入中断状态。可以在任何执行语句和赋值语句处设置断点，但不能在声明语句和注释处设置断点，也不能在程序运行时设置断点，只有在程序编辑状态或程序处于挂起状态时才可以设置断点。

（1）设置断点的方法。

在代码编辑窗口中将光标移到要设置断点的行，按 F9 键或单击"调试"工具栏上的"切换断点"按钮设置断点，也可以在代码编辑窗口中单击要设置断点的那一行语句左侧的灰色边界标识条来设置，如图 8-31 所示。

图 8-31 设置断点

（2）取消断点的方法。

可以再次单击编辑窗口左侧的灰色边界标识条取消断点。

3. 单步跟踪

单步跟踪即每执行一条语句后都进入中断状态。通过单步执行每一条语句，可以及时、准确地跟踪变量的值，从而发现错误。

单步跟踪的方法是将光标置于要执行的过程内，单击"调试→逐语句"按钮或单击 F8 键，执行当前语句（用黄色亮条显示），同时将程序挂起。

4. 设置监视点

如果设置了监视表达式，一旦监视表达式的值为真或改变，程序也会自动进入中断状态。设置监视表达式的方法如下。

（1）选择"调试→添加监视"命令，弹出"添加监视"对话框。

（2）在"模块"下拉列表中选择被监视过程所在的模块；在"过程"下拉列表中选择要监视的过程；在"表达式"文本框中输入要监视的表达式，如图 8-32 所示。

（3）在"监视类型"选项区域中选择监视类型。

（4）设置完监视表达式后屏幕上会出现监视窗口，如图 8-33 所示。

图 8-32　设置监视表达式

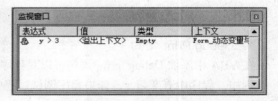

图 8-33　监视窗口

执行相应过程，当 y 的值大于 3 的时候，程序进入中断状态。

【小结】

模块是 Access 中的重要对象，它以 VBA 语言为基础编写，以过程为单元的集合方式存储。VBA 是一种面向对象程序设计语言。VBA 的程序流程控制结构有三种：顺序结构、选择结构和循环结构。在模块的过程调用中，可能存在参数传递，过程中的变量有作用域和生存周期。可以使用 ADO 对数据库进行访问。无论编程者如何小心，错误都在所难免。利用调试工具和错误处理的方法可尽量避免错误。

习　题　八

一、填空题

1. 设 a=5，b=23，则表达式 a>b 的值是_____。

2. For…Next 循环是一种确定_____循环。

3. 过程有两种：Sub 子过程和_____。

4. 在模块中编写程序时，当某一条命令为红色时，表示该命令_____。

5. 为了增强程序的可读性，可以在程序中加入注释。方法是使用一个_____，也可以使用 Rem。

6. 在 VBA 中，代码中的错误通常有三种：编译错误、运行错误和_____。

7. VBA 中变量的作用域分为三个层次，分别是局部变量、全局变量和_____。

8. 用 Static 定义的变量称为_____。

9. 存在两种参数传递方式：值传递和_____。

10. Recordset 对象的_____方法可用来新建记录。

11. Recordset 对象没有包含任何记录，则 RecordsetCount 属性的值为_____，并且 BOF 和 EOF 的属性都为_____。

12. 若要判断记录集对象 rst 是否已经到文件尾，则条件表达式是_____。

二、选择题

1. 变量名的长度不可以超过（　　）个字符。
　　A. 32　　　　　　　B. 48　　　　　　　C. 128　　　　　　　D. 255

2. 日期型数据应该在数据的（　　）括起来。
　　A. 前后各用一个双引号　　　　　　B. 前后备用一个单引号
　　C. 前后各用一个圆括号　　　　　　D. 前后各用一个"#"号

3 下面（　　）是合法的变量名。
　　A. X-yz　　　　　　B. 123abe　　　　　C. integer　　　　　D. XY

4. 下面（　　）是合法的字符常量。
　　A. ABC$　　　　　　B. "ABC"　　　　　C. ABC　　　　　　D. ABC,

5. 下列语句中定义窗体单击事件的头语句是（　　）。
　　A. Private Sub Form_Dbclick()　　　　B. Private Sub Text1_Dbclick()
　　C. Private Sub Form_Click()　　　　　D. Private Sub Text1_Click()

6. 下面正确的赋值语句是（　　）。
　　A. X+Y=30　　　B. Y=∏*R*R　　　C. Y=X+30　　　D. 3Y=X

7. 选择和循环结构的作用是（　　）。
　　A. 提高程序运行速度　　　　　　B. 控制程序的流程
　　C. 便于程序的阅读　　　　　　　D. 方便程序的调试

8. 程序的基本控制结构是（　　）。
　　A. Do… Loop 结构、Do…Loop While 结构和 For…Next 结构
　　B. 子程序结构、自定义函数结构
　　C. 顺序结构、选择结构和循环结构
　　D. 单行结构、多行结构和多分支结构

9. 表达式 IIF(0，20，30)的结果是（　　）。
　　A. 10　　　　　　　B. 20　　　　　　　C. 30　　　　　　　D. 25

10. 在 VBA 中用实际参数 a 和 b，调用过程 area(m，n)，正确形式是（　　）
　　A. area m,n　　　B. area a,b　　　C. call area(m，n)　　　D. call are a，b

11. 变量声明语句 Dim a 表示变量是（　　）。
　　A. 双精度型　　　B. 整型　　　C. 长整型　　　　D. 变体型

12. 能够触发命令按钮的 MouseDown 事件的操作是（　　）。

    A. 在命令按钮上单击鼠标   B. 拖动窗体

    C. 鼠标滑过命令按钮   D. 按下键盘上的某个键

13. 在以下程序代码中，循环被执行（   ）次。

```
For i=1 t0 9
    i=i+2
Next i
```

    A. 3   B. 4   C. 5   D. 6

14. 执行下面程序后，i 的值是（   ）。

```
Public Sub sum1()
  Dim i As Integer
  i=6
  Do
    i=i+2
  Loop While i<10
End Sub
```

    A. 2   B. 6   C. 8   D. 10

15. 在 VBA 编辑器中，（   ）用来显示数据库中所有的模块。

    A. 模块代码窗口   B. 立即窗口

    C. 模块属性窗口   D. 工程资源管理器

16. 单击命令按钮时，下列程序代码执行后，信息框显示结果为（   ）。

```
Public Sub proc1(n As Integer, ByVal m As Integer)
    n = n Mod 10
    m = m \ 10
End Sub
Private Sub Command0_Click()
    Dim x As Integer, y As Integer
    x = 23: y = 65
    Call proc1(x, y)
    MsgBox x & " " & y
End Sub
```

    A. 3   65   B. 23   65   C. 3   60   D. 0   65

三、实验题

1. 编写一个简单程序。要求创建如图 8-34 所示窗体，为窗体上的按钮设计 Click 事件模块，使其能完成相应功能；为窗体设计一个 load 事件模块，设置文本框中初始字号为 15 号。

2. 如图 8-35 所示，创建窗体，输入半径，计算圆面积，要求取其整数。

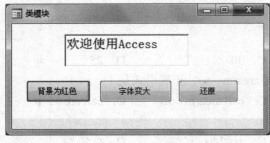

图 8-34

图 8-35

3. 求 1～1000 以内所有奇数的和。

4. 求 $1+2+2^2+2^3+...+2^{63}$ 的值。

5. 任意输入 10 个数，输出大于平均数的值。（提示：需用数组）

6. 为"学生管理系统"设计用户登录窗体，参照例 8-20。

7. 使用 ADO，依照例 8-21 为班级信息创建管理窗体。

第 9 章　数据库管理

【本章导读】

Access 提供了多种措施来保护数据库的安全，这一章主要介绍如何利用 Access 2010 提供的安全功能来实现数据库安全的操作，了解如何保证数据库系统安全可靠地运行，在创建了数据库之后如何对数据库进行安全管理和保护。

9.1　数据库的安全保护

9.1.1　设置数据库密码

保护数据库最简单的方法就是为打开的数据库设置密码。设置密码后，打来数据库系统要求用户输入密码，只有输入正确密码的用户才可以打开数据库。

1. 设置密码

鼠标单击 Access 2010 菜单栏上"文件"选项卡下的"信息"命令，将鼠标移动到右侧"用密码进行加密"上，如图 9-1 所示。

图 9-1　"用密码进行加密"命令

要设置数据库密码时，必须保证这个数据库的打开方式是独占打开方式，否则会出现如图 9-2 所示提示框。这个提示框中告诉人们怎样以独占方式打开一个数据库。

图 9-2 提示框

图 9-3 "设置数据库密码"对话框

当以独占打开方式打开数据库时，重新选择"用密码进行加密"，单击鼠标左键，弹出"设置数据库密码"的对话框，如图 9-3 所示。

在这个对话框中的第一个文本框中输入要设置的数据库密码，并在第二个文本框中再输入一遍刚才输入的密码，以保证输入的密码不会因为误输入而造成以后无法打开数据库。将这些完成以后，单击"确定"按钮。

2. 取消用户密码

先用独占方式打开这个数据库，然后鼠标单击 "文件"选项卡下的"信息"命令，将鼠标移动到右侧，选择"解密数据库"命令，在弹出的"撤销数据库密码"框中输入刚才设置的密码，单击"确定"按钮即可。

9.1.2 数据库的备份和恢复

在使用数据库的过程中，可能会有很多原因导致数据库文件的损坏，以致无法读取和使用。为了解决这个问题我们就需要修复这个数据库。为了防止 Access 文件受损，常采取以下方法：定期对 Access 文件进行备份；定期压缩和修复 Access 文件；通过自动修复功能来修复出现错误的数据库；尽量避免非正常退出 Access。

Access 主要有两种备份的方法：在 Access 中备份和在 Windows 系统中备份。

1. 在 Access 中备份

在 Access 系统中备份数据库的具体操作步骤如下。

（1）打开要备份的数据库，并关闭数据库中的所有对象。

（2）执行"文件"菜单中的"保存并发布"命令，选择"备份数据库"命令，如图 9-4 所示。

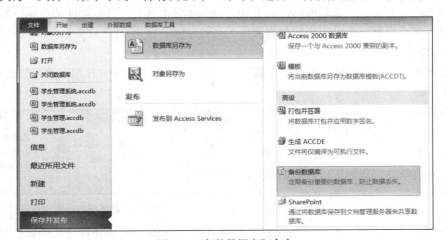

图 9-4 "备份数据库"命令

（3）单击"另存为"按钮，打开"另存为"对话框，在对话框中指定备份的数据库文件的名称和保存位置，如图 9-5 所示。

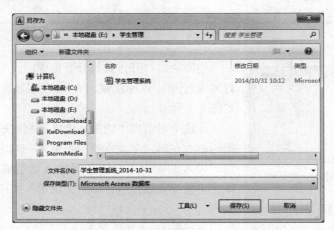

图 9-5　备份数据库"另存为"对话框

2. 在 Windows 系统中备份

在 Windows 系统中，使用复制命令实现数据的直接备份的具体操作步骤如下。

（1）关闭要备份的数据库，特别是在多用户的数据库环境中，要确保所有用户都关闭了要备份的数据库。

（2）打开 Windows 的"计算机"窗口，执行系统中的复制文件命令，复制所要备份的数据库文件，然后粘贴到目标位置。

在备份数据库时应该注意，如果有数据访问页文档，则需要单独备份，因为这类文档是单独存放的。

9.1.3　数据库的压缩和修复

在使用 Access 数据库的过程中，会经常地添加和删除数据，或者创建和删除数据库对象，数据库文件可能会被分成很多碎片，使得数据库在磁盘上占用比其所需空间更大的磁盘空间，导致数据库文件大小不断增长，数据库的性能下降，甚至还会出现打不开数据库的严重问题。通过对数据库进行压缩或修复，可以实现数据库文件的高效存储和使用。

1. 数据库压缩

打开数据库，单击功能区"数据库工具"选项卡下"工具"组中"压缩和修复数据库"命令，如图 9-6 所示。

也可以单击"文件"→"选项"命令按钮，打开"Access 选项"对话框，选择"当前数据库"。在右侧窗格中选择"关闭时压缩"复选框。设置生效后，在每次关闭数据库时都会自动进行压缩。

图 9-6　数据库的压缩和修复

2. 数据库修复

打开数据库，单击"文件"→"信息"命令按钮，在右侧窗格中选择"压缩和修复数据库"命令，在压缩数据库的同时进行修复。

9.1.4 生成 ACCDE 编辑

为保护 Access 数据系统中创建的各类对象不被他人擅自修改或查看，隐藏并保护所创建的 VBA 代码，防止误操作删除数据中的对象，可以将 Access 数据库转换为 ACCDE 格式，以进一步提高数据系统的安全性。

生成 ACCED 文件的过程是对数据系统进行编译、自动删除所有可编辑的 VBA 代码并压缩数据系统的过程。生成 ACCED 文件的方法是：

打开数据库文件，单击"文件"→"保存并发布"命令按钮，然后在"数据库另存为"区域中，选择"生成 ACCDE"，然后单击"另存为"按钮，如图 9-7 所示。

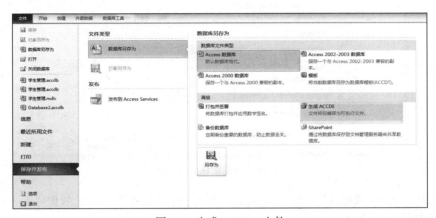

图 9-7 生成 ACCDE 文件

在"另存为"对话框中，通过浏览找到要在其中保存该文件的文件夹，在"文件名"框中键入该文件的名称，然后单击"保存"按钮。

9.2 数据库版本转换

由于不同版本的 Access 数据库的数据结构不同，为了使不同版本的 Access 建立的数据库在其他版本的 Access 可以使用，就需要将不同版本之间的数据库文件进行转化。

1. Access 2010 数据库默认的文件格式

在创建新的空白数据库时，Access 会要求为数据库文件命名。默认情况下，文件的扩展名为".accdb"，这种文件是采用 Access 2007—2010 文件格式创建的，在早期版本的 Access 中无法打开。

在实际应用中，不同的用户安装的 Access 版本也不同，但是若使用同一个数据库，这时就出现了版本之间的兼容性。

规则：新版本对旧版本的兼容，高版本向低版本的兼容，是不可逆向兼容的。在 Microsoft Access 2010 中，可以选择采用 Access 2000 格式或 Access 2002—2003 格式（扩展名均为".mdb"）创建文件。在成功创建新的数据库文件时，生成的文件将采用早期版本的 Access 格式创建，并且可以与使用该版本 Access 的其他用户共享。

2. 更改默认文件格式

（1）启动 Microsoft Access 2010。

（2）单击"文件"→"选项"命令按钮，打开"Access 选项"对话框。

（3）在"Access 选项"对话框左侧窗格中，单击"常规"选项。

（4）在"创建数据库"下的"默认文件格式"框中，选择要作为默认设置的文件格式，单击"确定"按钮，如图 9-8 所示。

图 9-8　设置默认文件格式

（5）设置完"创建数据库"的默认格式后，创建的就是该版本格式的数据库。

3. 转换数据库的格式

如果要将现有的.accdb 数据库转换为其他格式（例如早期的数据库 2000—2003 版本的.mdb 格式，或者是模板.accdt 格式），那么可以在"将数据库另存为"命令下选择格式。

（1）单击"文件"选项卡下的"保存并发布"选项。

（2）在"数据库文件类型"中选择要保存的格式即可，这里选择另存为"2000—2003 版本的.mdb 格式"，如图 9-9 所示。

图 9-9　选择数据库文件类型

（3）在"另存为"对话框中的"保存类型"中可以看到此时的文件格式为 2000—2003.mdb 格式，如图 9-10 所示。

图 9-10　"另存为"对话框中的"保存类型"

此命令除了保留数据库原来的格式之外，还可按照用户指定的格式创建一个数据库副本。其他用户就可以将该数据库副本用在所需的 Access 版本中。

【小结】

本章主要介绍数据的备份、压缩、修复、设置和撤销数据库密码。Access 不但能获取外部数据，还能将本身的数据表导出为外部数据，实现与其他应用项目的共享。

习 题 九

一、填空题

1. 保护数据库最简单的方法就是_____。

2. 要设置数据库密码时，必须要保证这个数据库的打开方式是_____。

3. 为了防止 Access 文件受损，常采取以下方法：_____、_____、_____和通过自动修复功能来修复出现错误的数据库。

4. Access 主要有两种备份的方法：_____和_____。

5. 在 Access 数据库中，压缩和修复操作是_____进行的。

6. 压缩数据库文件可以重新组织文件在磁盘上的存储方式，减少文件的存储空间，提高了_____，优化了_____。

二、选择题

1. Access 2010 数据库在创建新的空白数据库时，会要求为数据库文件命名。默认情况下，文件的扩展名为（　　）。

　　A. .accdb　　　　B. .accde　　　　C. .accda　　　　D. .accdc

2. 在设置或撤销数据库密码前，一定要先使用（　　）方式打开数据库。

　　A. 只读　　　　B. 独占　　　　C. 独占只读　　　　D. 共享

3. 如果要将现有的.accdb 数据库转换为其他格式（例如早期的数据库 2000—2003 版本的.mdb 格式，或者是模板.accdt 格式），那么可以在（　　）命令下选择格式。

　　A. 转换数据库的格式　　　　　　　B. 建立的组的安全

　　C. 账户的 PID　　　　　　　　　　D. 将数据库另存为

4. 修复一个数据库，首先要求在其他用户关闭这个数据库的情况下，以管理者的身份打开数据库，然后单击功能区（　　）选项卡，选择压缩和修复数据库命令，Access 就会自动完成这个修复工作。

　　A. 转换数据库的格式　　　　　　　B. 压缩数据库文件

　　C. 数据库工具　　　　　　　　　　D. 将数据库另存为

5. 在 Windows 系统中关闭要备份的数据库，特别是在多用户的数据库环境中，要确保所有用户都（　　）要备份的数据库。

　　A. 关闭　　　　B. 独占　　　　C. 独占只读　　　　D. 共享

三、简答题

1. 在 Access 中如何设置和撤销密码？

2. 对数据库进行备份有何意义？

3. 如何对数据库进行压缩和修复？

4. 如何在 Access 数据版本之间转换？

第 **10** 章 学生管理系统的开发

【本章导读】

本章以学生管理系统为背景，介绍 Access 2010 在具体应用程序中的开发设计方法。在系统设计过程中，以前面各章设计的功能为基础，有效地组织集成各功能模块，合理安排每个子模块功能，加入适当的 VBA 代码来增强程序的功能。通过介绍这个简单的数据库系统建立的全过程，将全书内容做一个梳理和归纳总结。

本章内容可以作为一个课程设计实例。

10.1 系统分析与设计

10.1.1 系统功能分析

学生管理系统具有以下功能。

（1）系统应允许管理员对学生信息、学生成绩、班级学院信息、课程信息进行管理。

（2）系统应允许查询学生信息和相关成绩。

（3）系统应允许打印学生信息和相关成绩。

10.1.2 系统模块设计

根据系统功能分析和学生教学管理业务的调查分析，将学生管理系统功能划分为如图 10-1 所示的功能模块结构。

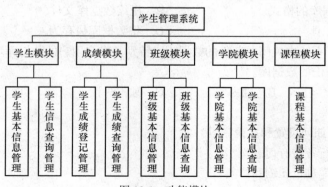

图 10-1　功能模块

对每一种信息的管理，都包括信息的录入、信息的浏览、信息的删除等功能。

（1）学生模块：对学生的基本信息进行管理；具备学生信息的查询功能。

（2）成绩模块：对学生成绩进行登记、统计管理；具备学生成绩的查询功能。

（3）班级模块：对班级的基本信息进行管理。

（4）学院模块：对学院的基本信息进行管理。

（5）课程模块：对所开课程的课程名、课程号、学分及先修课进行管理。

实际上，学生管理系统只是教学管理系统的一部分，是一个非常复杂的系统，涉及的内容非常多。这里设计的学生管理系统只是一个具备最基本功能的、简单的教学演示系统，实际应用中可以根据具体情况进行扩充和修改。

10.1.3　功能模块的物理实现

在数据库应用系统规划设计中，首先要确定好系统的主控模块及主要功能模块的设计思想和方案。一般的数据库应用系统的主控模块包括系统主窗体、系统登录窗体、控制面板、系统主菜单；主要功能模块包括数据库的设计，数据输入窗体、数据维护窗体、数据浏览、数据查询窗体的设计，统计报表的设计等。

学生管理系统包含 4 个子项，分别是数据录入、数据查询、报表打印和退出系统。

（1）数据录入：包含学生信息录入、班级信息录入、学院信息录入、课程信息录入和成绩录入。

（2）数据查询：包含学生查询和成绩查询 。

（3）报表打印：包含打印学生名单、打印学生成绩、打印班级成绩。

（4）退出系统：包含退出系统。

10.2　数据库设计

开发数据库应用系统的基础是数据库和数据表的设计。在学生管理系统中，数据库的设计工作主要包括建立管理系统的数据库，创建所需要的表与字段，设定表间的关系。

10.2.1　设计数据表

"学生管理系统"数据库共包含 6 个数据表，各表结构如下。

1．"学生信息"表，如表 10-1 所示

表 10-1　　　　　　　　　　　　　　　　"学生信息"表

字段名称	数据类型	字段大小	主键	不允许为空
学号	文本	11	✓	✓
姓名	文本	10		✓
性别	文本	1		
出生日期	日期			
籍贯	文本	50		
政治面貌	文本	10		
班级编号	文本	6		

续表

字段名称	数据类型	字段大小	主键	不允许为空
入学分数	整型			
简历	备注			
照片	OLE 对象			

2. "学生成绩"表,如表 10-2 所示

表 10-2   "学生成绩"表

字段名称	数据类型	字段大小	主键	不允许为空
学号	文本	11		✓
课程号	文本	4		✓
成绩	整型			

3. "课程信息"表,如表 10-3 所示

表 10-3   "课程信息"表

字段名称	数据类型	字段大小	主键	不允许为空
课程号	文本	4	✓	✓
课程名	文本	20		✓
学分	整型			
先修课	文本	20		

4. "班级信息"表,如表 10-4 所示

表 10-4   "班级信息"表

字段名称	数据类型	字段大小	主键	不允许为空
班级编号	文本	6	✓	✓
班级名称	文本	10		✓
学院编码	文本	2		

5. "学院信息"表,如表 10-5 所示

表 10-5   "学院信息"表

字段名称	数据类型	字段大小	主键	不允许为空
学院编码	文本	2	✓	✓
学院名称	文本	10		✓

6. "用户"表,如表 10-6 所示

表 10-6   "用户"表

字段名称	数据类型	字段大小	主键	不允许为空
用户账号	文本	6	✓	✓
密码	文本	6		✓

10.2.2　创建表间关系

其中，"班级信息"表和"学生信息"表按照"班级编号"字段建立一对多联系。"学生信息"表和"学生成绩"表按照"学号"字段建立一对多联系，"课程信息"表和"学生成绩"表按照"课程号"建立一对多联系，"班级信息"表和"学院信息"表按照"学院编码"建立一对多联系。各表间建立如图 10-2 所示的表间关系。

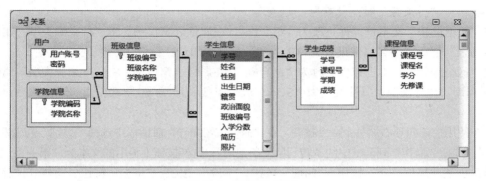

图 10-2　"关系"窗口

10.3　学生管理系统的实现

10.3.1　"班级信息"窗体的设计与实现

（1）新建一个窗体，打开窗体"属性表"对话框，在"记录源"属性列表框中选择"班级信息"表；将"班级编号"、"班级名称"字段添加到窗体。

（2）添加一个组合框，将其附属标签文本改为"学院编号"；选择组合框控件，打开"属性表"对话框；选择"数据"选项卡，将"行来源类型"设置为"表/查询"；选择"行来源"旁边的按钮，在弹出的"显示表"窗口中选择"学院信息"，依次添加"学院编号"、"学院名称"字段，如图 10-3 所示。关闭查询生成器，系统提示"是否保存对 SQL 语句的更改并更新属性？"，单击"是"按钮，保存生成的 SQL 语句；选择"格式"选项卡，将"列数"设置为 2。

（3）设置窗体的相关属性，不显示记录选择器和分隔线。

（4）将窗体保存为"班级信息"。打开窗体，如图 10-4 所示。

图 10-3　查询生成器窗口

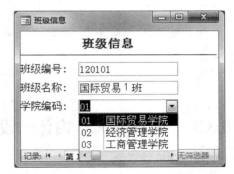

图 10-4　"班级信息"窗体

依照上述方法设计"学院信息"、"课程信息"窗体。

10.3.2 "学生信息"窗体的设计与实现

（1）使用窗体向导，选择"学生信息"表所有字段，创建纵栏式窗体。

（2）选择"性别"文本框控件，单击鼠标右键，在快捷菜单中选择"更改为/组合框"。

（3）打开"性别"控件的属性表窗口，选择"数据"选项卡，将"行来源类型"属性设置为"值列表"；将"行来源"属性设置为"男;女"。

将"政治面貌"文本框控件更改为"组合框"，在属性表窗口中，将"行来源类型"属性设置为"值列表"，"行来源"属性设置为"中共党员；共青团员；群众"。

将"班级编号"文本框控件更改为"组合框"，在属性表窗口中，将"行来源类型"属性设置为"表/查询"，"行来源"属性设置为"Select 班级信息.班级编号, 班级信息.班级名称 From 班级信息"。

（4）使用控件向导添加一个命令按钮。在"命令按钮向导"对话框中选择"类别"列表框中"记录导航"；选择"操作"列表框中的"转到第一条记录"；选择按钮上显示的文本为"第一条记录"。

依次创建"最后一条"按钮、"向前"按钮、"向后"按钮、"添加"按钮、"删除"按钮、"查找"按钮、"保存"按钮。

（5）在窗体页眉处添加一个标签，标题为"学生信息管理"；添加一个文本框，将其属性表窗口"数据"选项卡中的"控件来源"属性设置为"=Date( )"。

（6）设置窗体的相关属性，不显示记录选择器和分隔线。

（7）将窗体保存为"学生信息管理"。打开窗体，如图 10-5 所示。

图 10-5 "学生信息管理"窗口

10.3.3 "成绩录入"窗体的设计与实现

1. 创建学生成绩查询

（1）使用查询设计视图创建查询，分别添加"学生信息"表、"课程信息"表和"学生成绩"表。

（2）依次选择“学生信息”表中的“学号”、“姓名”、“班级编号”字段，“学生成绩”表中的“成绩”、“课程号”字段。如图 10-6 所示。

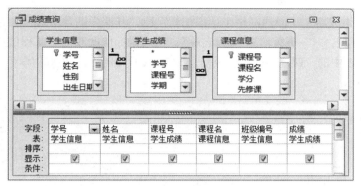

图 10-6　“成绩查询”设计窗口

（3）保存查询并命名为“成绩查询”，运行该查询，结果如图 10-7 所示。

学号	姓名	课程号	课程名	班级编号	成绩
2012010101	李雷	1001	VB程序设计	120101	50
2012010102	刘刚	1001	VB程序设计	120101	90
2012010101	李雷	1002	大学英语	120101	58
2012010102	刘刚	1002	大学英语	120101	80
2012010103	王小美	1001	VB程序设计	120101	65
2012010103	王小美	1002	大学英语	120101	55
2012010101	李雷	1004	政治经济学	120101	90
2012010103	王小美	1004	政治经济学	120101	70
2012010202	王永林	1002	大学英语	120102	80
2012010201	张悦	1003	C程序设计	120102	90
2012020201	林立	1001	VB程序设计	120201	67
2012020201	林立	1003	C程序设计	120201	58

记录: 第 1 项(共 40 项　无筛选器　搜索

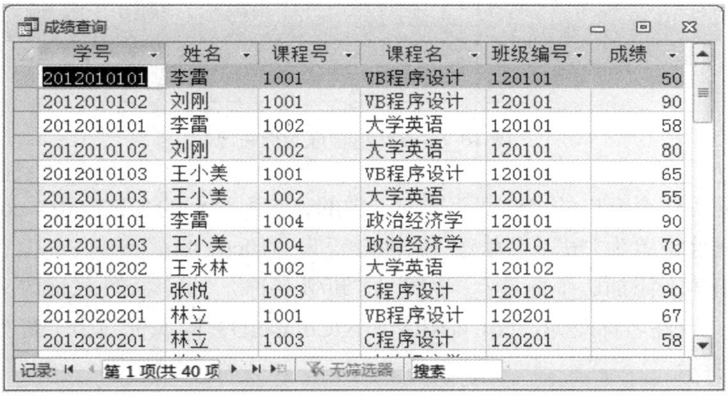

图 10-7　运行查询

2. 创建“成绩录入”子窗体

（1）使用窗体设计视图创建窗体。在窗体属性表窗口中选择“数据”选项卡，将“记录源”属性修改为“成绩查询”。

（2）在字段列表中，将“学号”、“姓名”和“成绩”3 个字段拖动到窗体上，如图 10-8 所示。

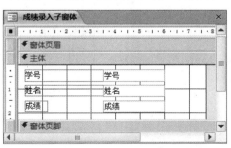

（3）修改窗体属性，将其属性表窗口的“全部”选项卡中“默认视图”属性设置为“数据表”。修改“学号”文本框属性，将其属性表窗口的“数据”选项卡中“是否锁定”属性设置为“否”，“可用”属性设置为“否”。

（4）将窗体保存为“成绩录入子窗体”。

图 10-8　“成绩录入”子窗体设计窗体

3. 创建“成绩录入”主窗体

（1）使用窗体设计视图创建窗体。

（2）在窗口中拖动鼠标，绘制一个组合框。修改组合框属性，选择其属性表窗口"数据"选项卡中"行来源"右边的 按钮，在弹出的"显示表"窗口中选择"学院信息"、"课程信息"表、"班级信息"表、"学生成绩"表。

（3）在"查询生成器"下面的网格中，添加新字段"开课学期及班级: 学生成绩!学期 & "学期 "+课程信息!课程名+" "+班级信息!班级名称"；使用鼠标依次双击"课程信息"表中的"课程号"、"课程信息"表中的"课程名"、"班级信息"表中的"班级编号"和"学生成绩"表中的"学期"，如图 10-9 所示.

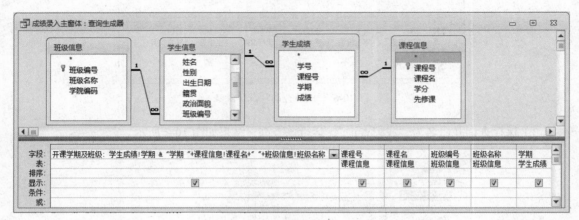

图 10-9　设计组合框的行来源

（4）在组合框属性表窗口的"全部"选项卡中的，将组合框的名称改为"comClass"；"格式"选项卡"列数"属性设置为"6"；"列宽"属性设置为"10cm;3cm"。

（5）依次在窗体上添加 2 个标签："学期"、"班级名称"，将其控件名称改为 lTerm、lClass；添加 2 个文本框，控件名称改为：txtClassID 、txtCourseID，附属标签为"班级编号"、"课程编号"。如图 10-10 所示。

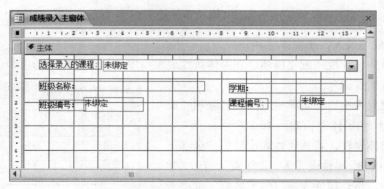

图 10-10　主窗体设计视图

（6）使用控件向导，在窗体的下面添加一个子窗体，单击工具中 按钮，在弹出的"子窗体向导"窗体中选择"成绩录入子窗体"，如图 10-11 所示。

（7）单击"工具"组中 按钮，进入代码编辑 VBE 环境，录入以下事件过程代码：

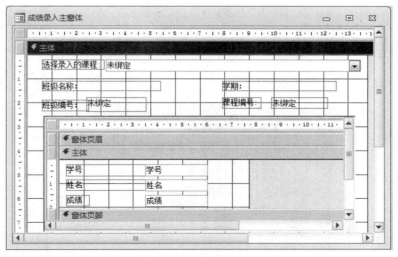

图 10-11　"成绩录入"设计窗体

```
Private Sub Form_Load()
    '窗体刚刚打开时不显示数据
        成绩录入子窗体.Form.Filter = "1=2"
        成绩录入子窗体.Form.FilterOn = True
End Sub
Private Sub comClass_Change()
    '生成学生的成绩
        Dim rs As Recordset
        Set rs = Me.Form.Recordset
        Dim sCourseCode As String
        Dim sClassCode As String
        Dim sTerm As String
        Dim ssql As String
        sCourseCode = comClass.Column(1)      '取课程编号
        sClassCode = comClass.Column(3)       '取班级编号
        txtCourseID = comClass.Column(1)       '显示"课程编号"
        txtClassID = comClass.Column(3)        '显示"班级编号"
        sTerm = comClass.Column(5)            '取学期
        lTerm.Caption = "学期: " + sTerm
        lClass.Caption = "班级名: " + comClass.Column(4)
        If sCourseCode = "" Or sClassCode = "" Then
            Exit Sub
        End If
    ssql = "INSERT INTO 学生成绩(学号,课程号) SELECT 学号,'" + sCourseCode + "' FROM 学
生信息 WHERE 班级编号='" + sClassCode + "'"
        ssql = ssql + " AND 学号 NOT IN(SELECT 学号 FROM 学生成绩 WHERE 课程号='" + sCourseCode
+ "')"
        '屏蔽警告
    DoCmd.SetWarnings False
    DoCmd.RunSQL ssql
        '允许警告
    DoCmd.SetWarnings True
        '过滤数据
```

```
        成绩录入子窗体.Form.Filter = "班级编号='" + comClass.Column(3) + "' AND 课程号='" +
comClass.Column(1) + "'"
        成绩录入子窗体.Form.FilterOn = True
    End Sub
```

（8）保存并运行窗体，如图 10-12 所示。

图 10-12 "成绩录入"运行窗体

10.3.4 "成绩查询"窗体的设计与实现

（1）使用窗体设计器创建窗体。在窗体上绘制一个标签，并将标签的文本设置为"学生成绩浏览"。窗体上绘制一个组合框，更改组合框的名称为"cboClass"。

（2）设置窗体的相关属性，不显示记录选择器、导航按钮和分隔线。

（3）将"cboClass"组合框的"行来源类型"属性设置为"表/查询"，"行来源"属性设置为"Select 班级编号，班级名称 From 班级信息"，"绑定列"属性设置为"2"，列数设置为"2"。

（4）单击"工具箱"中 按钮，在窗体上绘制一个列表框，将列表框更名为"lstClass"，"列标题"属性设置为"是"，如图 10-13 所示。

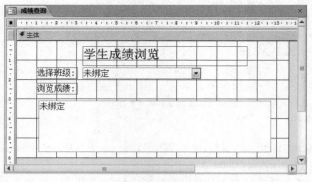

图 10-13 "成绩查询"设计窗体

（5）单击"工具栏"中 按钮，进入代码编辑 VBE 环境，录入以下事件过程代码：

```
Private Sub cboClass_Change()
    Dim ssql As String
    ssql = "Transfrom  Sum(学生成绩.成绩) AS 成绩之总计"
    ssql = ssql + " Select 学生信息.学号, 学生信息.姓名"
```

```
        ssql = ssql + " From 学生信息 Inner Join (课程信息 Inner Join 学生成绩 On 课程信息.课程
号=学生成绩.课程号) On 学生信息.学号=学生成绩.学号"
        ssql = ssql + " Where 班级编号='" & Trim(cboClass.Column(0)) + "'"
        ssql = ssql + " Group By 学生信息.学号, 学生信息.姓名"
        ssql = ssql + " Pivot 课程信息.课程名"
        lstScore.RowSourceType = "Table/Query"
        lstScore.RowSource = ssql
        lstScore.ColumnCount = 6          '列表的列数
    End Sub
```

（6）将窗体保存为"成绩查询"。运行窗体，如图 10-14 所示。

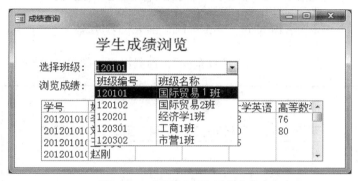

图 10-14　"成绩查询"运行窗体

10.3.5　"报表"的设计与实现

1．"学生基本信息报表"的设计

（1）选择报表向导创建报表。选择"学生信息"表中的"学号"、"姓名"、"性别"、"出生日期"、"政治面貌"、"籍贯"、"班级编号"字段。

（2）单击"下一步"按钮。在打开的对话框中，选择"班级编号"字段分级，如图 10-15 所示。

图 10-15　报表向导

（3）选择"学号"字段对查询结果排序。单击"完成"按钮。如图 10-16 所示。

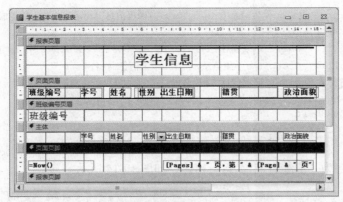

图 10-16 “学生基本信息报表”设计视图

（4）保存报表，命名为“学生基本信息报表”，预览报表，如图 10-17 所示。

学生信息

班级编号	学号	姓名	性别	出生日期	籍贯	政治面貌
120101						
	2012010101	李雷	男	1994年10月12日	吉林	党员
	2012010102	刘刚	男	1993年6月7日	辽宁	团员
	2012010103	王小美	女	1995年5月21日	河北	党员
	2012010104	赵刚	男	1994年10月9日	北京	团员
	2012010105	王慧	男	1996年12月8日	河南	无党派
120102						
	2012010201	张悦	男	1993年12月22日	湖北	团员
	2012010202	王永林	女	1995年1月2日	湖南	党员
120201						
	2012020101	张可可	女	1994年9月3日	湖南	团员
	2012020201	林立	男	1992年3月5日	河南	党员
	2012020202	王岩	男	1993年10月3日	河南	团员
120301						
	2012030101	张明	女	1992年5月30日	广东	无党派

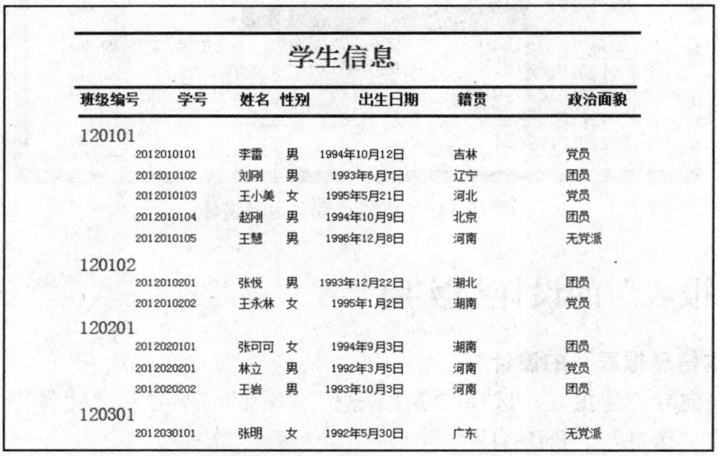

图 10-17 “学生基本信息报表”预览视图

依此方法，可创建“学生成绩报表”，预览报表，如图 10-18 所示。

学生成绩报表

学号: 2012030102
姓名: 李佳宇

课程名:	成绩:
线性代数	90
高等数学	82
C程序设计	56
大学英语	67

学号: 2012010101
姓名: 李雷

课程名:	成绩:
VB程序设计	60
大学英语	58
政治经济学	90
C程序设计	44
高等数学	76

图 10-18 “学生成绩报表”预览视图

2. “班级成绩报表”的设计

（1）复制“成绩录入主窗体”，粘贴为“成绩报表打印”窗体。

（2）创建“成绩报表查询”，将“成绩打印报表”窗体中选择的班级编号、课程号作为查询的条件。“成绩报表查询”设计视图如图 10-19 所示。

（3）设计“班级成绩打印”报表。

① 使用报表设计视图创建报表，打开报表属性表窗口，将“数据”选项卡上的“记录源”属性改为“成绩报表查询”。单击功能区“报表设计工具/设计”选项卡下“分组与汇总”组的“分组与排序”按钮，打开“分组、排序与汇总”对话框，选择“班级编号”字段作为分组字段，排序次序为“升序”，如图 10-20 所示。

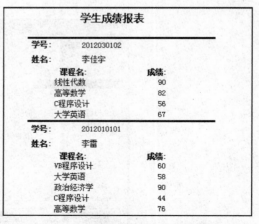

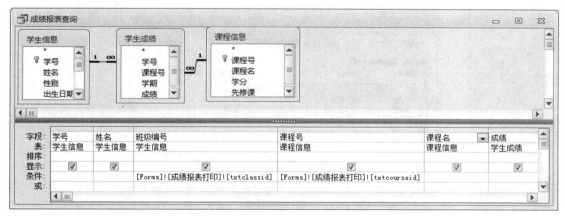

图 10-19 "成绩报表查询"设计视图

② 将"课程名"、"课程号"字段放入报表"页面页眉";"班级编号"字段放入报表"班级编号页眉";"学号"、"姓名"、"成绩"字段放入报表主体中。如图 10-21所示。

图 10-20 "分组、排序与汇总"对话框

（4）修改"成绩报表打印"窗体，使用控件向导添加一个命令按钮。在"命令按钮向导"对话框类别中选择"报表操作"，在操作中选择"预览报表"，单击"下一步"，选择"班级成绩打印"报表作为预览报表。命令按钮标题改为"预览报表"。不使用控件向导添加一个按钮，标题为"关闭报表"，名称为 cmdClose。进入代码设计窗口，编写如下事件过程：

图 10-21 "班级成绩打印"报表设计视图

```
Private Sub cmdClose_Click()
    DoCmd.Close acReport, "班级成绩打印"
End Sub
```

（5）运行"成绩打印报表"窗体，如图 10-22 所示。

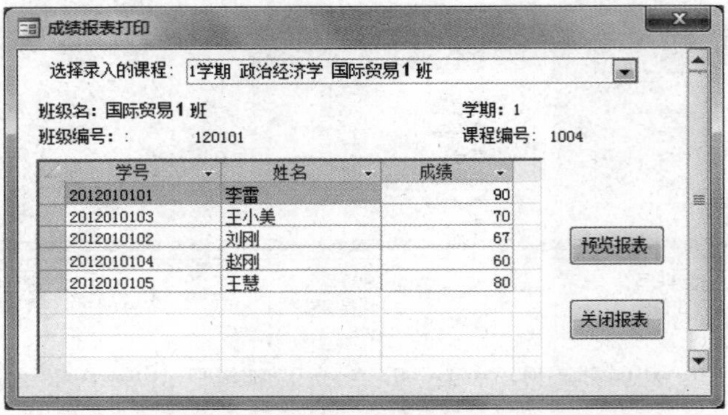

图 10-22 "成绩报表打印"窗体

（6）单击"预览报表"按钮，生成如图 10-23 所示报表。

图 10-23 "班级课程成绩"报表

10.3.6 系统主窗体的设计与实现

数据库应用系统的主窗体是整个系统中最高一级的工作窗体，在系统运行期间该窗体始终处于打开状态，系统主窗体用来显示和调用各个功能窗体。图 10-24 是学生管理系统主窗体。

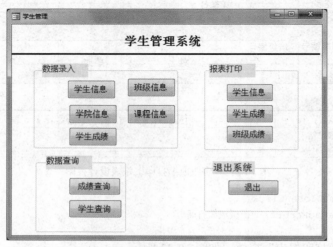

图 10-24 学生管理系统主窗体

（1）使用窗体设计视图创建窗体。

（2）在窗体上放置一个选项组，并将标题设置为"数据录入"。

（3）在选项组中使用"控件向导"创建命令按钮。在弹出的"命令按钮向导"窗体中，"类别"选择"窗体操作"，"操作"选择"打开窗体"，选择"学生信息管理"窗体，并将按钮标题改为"学生信息"。使用此方法，创建其他命令按钮。

使用上述方法创建"数据查询"选项组。

（4）在"报表打印"选项组中，创建"学生信息"、"学生成绩"命令按钮时，"类别"选择"报表操作"，"操作"选择"预览报表"，分别选择"学生基本信息报表"和"学生成绩报表"；创建"班级成绩"命令按钮时，"类别"选择"窗体操作"，"操作"选择"打开窗体"，选择"成绩报表打印"窗体。

（5）在"退出系统"选项组中，创建"退出"命令按钮时，类别选择"窗体操作"，操作选择"关闭窗体"。

（6）保存窗体`，命名为"学生管理"。

10.3.7 "登录"窗体的设计与实现

系统登录窗体主要提供口令输入功能，可以防止非法用户使用系统。图 10-25 是系统的登录窗体。

（1）使用窗体设计视图创建窗体。

（2）在窗体中添加一个组合框，组合框的名称为cmoName，附属标签的文本设置为"用户名:"。在组合框属性表窗口的"格式"选项卡中，将"列数"设置为"1"，"列标题"设置为"是"；"数据"选项卡中，将"行来源类型"设置为"表/查询"，"行来源"设置为"用户"表，"绑定列"设置为"1"。

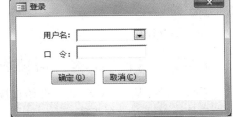

图 10-25　登录窗体

（3）在窗体中添加一个文本框，文本框的名称为 txtPassword，将附属标签的文本设置为"口令:"，在文本框属性表窗口中，将"数据"选择卡中的"输入掩码"改为"密码"。

（4）在窗体上放置两个命令按钮，第一个名称为 cmdOK，标题为"确定(&O)"，第二名称为cmdCancel，标题为"取消(&C)"。

（5）进入代码设计窗口，编写如下事件过程：

```
Option Compare Database
Private OperatorKey As String          '保存操作员口令
Private UserKey As String              '用户输入的登录口令
Private LoginTimes As Integer          '用户登录的次数

Private Sub cmdCancel_Click()
    Quit                               '退出应用程序
End Sub

Private Sub cmdOK_Click()
    '检查口令是否正确
    If (Trim(OperatorKey) = Trim(UserKey)) Then
            '口令正确
```

```
            DoCmd.Close
            DoCmd.OpenForm ("学生管理")
      Else
            '口令错误
            MsgBox "对不起! 口令错误, 请重试", vbOKOnly + vbCritical, "口令错误"
            LoginTimes = LoginTimes + 1
            txtPassword.SetFocus
            txtPassword.Text = ""
            If (LoginTimes >= 3) Then
                  '登录次数超过三次
                  MsgBox "对不起! 登录次数超过三次", vbOKOnly + vbCritical, "错误提示"
                  DoCmd.Close
            End If
      End If
End Sub

Private Sub cmoName_Change()
      OperatorKey = cmoName.Column(1)         '将所选用户对应的口令赋值变量
End Sub

Private Sub txtPassword_LostFocus()
      UserKey = txtPassword.Text
End Sub
```

（6）保存窗体，命名为"登录"。

10.3.8 将"登录"窗体设置为系统的启动窗体

系统启动指从启动应用程序开始直接进入应用系统的主界面。将"登录"窗体设置为系统的启动窗体，设计方法有两种。

（1）使用 Autoexec 宏实现。

创建一个新的宏，在宏中使用 OpenForm 操作，打开"登录"窗体，如图 10-26 所示。保存宏，并命名为"Autoexec"。

图 10-26 Autoexec 宏

（2）使用"Access 选项"实现。

单击功能区"文件"选项卡下"选项"命令，打开"Access 选项"对话框，单击"当前数据库"，在"显示窗体"列表框中选择"登录"窗体，如图 10-27 所示。

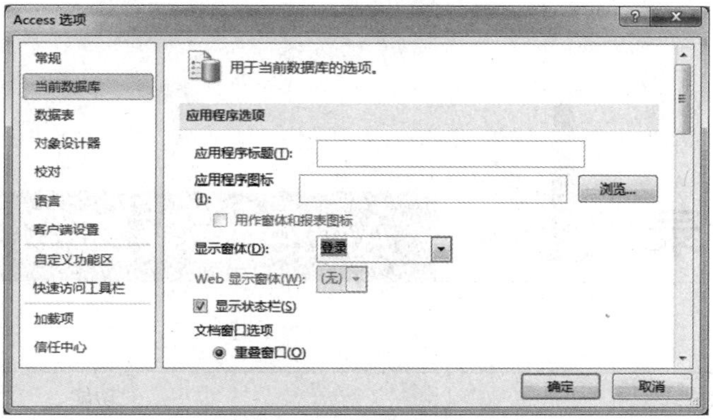

图 10-27　"Access 选项"窗口

　　以上两种方法，都可以在打开"学生管理系统"数据库文件时，直接进入"学生管理系统"。

【小结】

　　本章首先介绍了数据库应用系统开发的一般过程，最后详细介绍了学生管理系统的设计过程，包括数据库的设计、查询设计、窗体设计和报表设计等。希望能够对初学者开发简单的信息系统提供一定的帮助。

附录 I Access 系统的常用函数

函数格式	功能
Abs(数值)	返回指定数值的绝对值
Asc(字符串)	返回第一个字符的 ASCII 码值
Atn(数值)	返回指定数值的反正切值
Avg(表达式)	求数值表达式的平均值
CBool(表达式)	当表达式的值为 0 时，结果为 False，否则都为 True、
CByte(表达式)	将表达式的值转换为 Byte 型数据
CCur(表达式)	将表达式的值转换为 Currency 型数据
CDate(表达式)	将表达式的值转换为 Date 型数据
CDbl(表达式)	将表达式的值转换为 Double 型数据
Choose(索引, 值 1[, 值 2, …[, 值 n]])	根据索引从值列表中选择并返回一个值
Chr(数值)	根据 ASCII 码值返回一个字符
Cint(表达式)	将表达式的值转换为 Integer 型数据
CLng(表达式)	将表达式的值转换为 Long 型数据
Cos(数值)	返回指定数值的余弦值
Count(表达式)	计数
CSng(表达式)	将表达式的值转换为 Single 型数据
CStr(表达式)	将表达式的值转换为字符串
Date()	取得系统当前的日期
DateAdd(时间单位, 数字, 日期)	返回指定日期加上一段时间后的日期
DateDiff(时间单位, 数字, 日期)	返回指定日期减去一段时间后的日期
DatePart(时间单位, 日期)	取得日期数据中的各部分时间
DateSerial(年, 月, 日)	返回包含指定的年、月、日的日期
Date Value(日期)	取得指定的日期
DAvg(表达式, 域[, 条件])	求数值表达式的平均值
Day(日期)	取得日期中的日子
DCount(表达式, 域[, 条件])	求指定记录集的记录数

续表

函数格式	功能
DLookup(表达式, 域[, 条件])	在记录集中查找特定字段的值
DMax(表达式, 域[, 条件])	求一组值中的最大值
DMin(表达式, 域[, 条件])	求一组值中的最小值
DSum(表达式, 域[, 条件])	求数值表达式的和
Exp(数值)	求 e 的幂次方
Fix(数值)	返回指定数值的整数部分
Format(表达式[, 格式])	按指定的格式对表达式进行格式化
FormatDateTime(日期[, 格式])	按指定的日期时间格式对日期时间数据格式化
FormatNumber(数值[, 小数位数[, 前导 0 字符[, 负数格式[, 数字分组]]]])	按指定的数据格式对数值数据进行格式化
Hour(日期)	取得日期中的小时
IIF(条件, 值 1, 值 2)	条件为真时, 返回值 1, 否则返回值 2
InputBox(提示[, 标题][, 默认值][, 水平位置, 垂直位置]])	在屏幕指定位置显示一个用户自定义的对话框, 等待用户输入文本或按下按钮, 并返回用户在文本框中输入的字符串
InStr([, 位置]字符串 1, 字符串 2)	求字符串 2 在字符串 1 中最先出现的位置
InStrRev(字符串 1, 字符串 2[, 位置])	从后往前求字符串 2 在字符串 1 中最先出现的位置
Int(数值)	返回小于等于指定数值的最大整数
IsArray(表达式)	测试表达式是否为数组
IsDate(表达式)	测试表达式的值是否为 Date 型数据或符合日期时间格式的字符串
IsEmpty(表达式)	测试表达式是否为 Empty
IsError(表达式)	测试表达式是否为一个错误值
IsNull(表达式)	测试表达式是否为 Null
IsNumeric(表达式)	测试表达式的值是否为数值型数据或符合数值格式的字符串
IsObject(表达式)	测试表达式是否为对象型数据
LCase(字符串)	将字符串中的大写字母转换成小写, 小写或非字母字符保持不变
Left(字符串, 字符数)	从字符串的左边开始截取指定字符个数的子字符串
Len(字符串)	计算字符串中包含的字符个数, 返回值是 Long 型
Log(数值)	求正数的自然对数
LTrim(字符串)	删除字符串左边的空格
Max(表达式)	求一组值中的最大值
Mid(字符串, 位置[, 字符数])	从字符串指定位置开始截取指定字符个数的子字符串
Min(表达式)	求一组数中的最小值
Minute(日期)	取得日期数据中的分钟
Month(日期)	取得日期中的月份

函数格式	功能
MonthName(数值)	取得月份中的名称
MsgBox(提示[, 类型][, 标题])	显示一个消息对话框，并等待用户单击按钮
Now( )	取得系统当前的日期和时间
Nz(表达式[, 规定值])	表达式的值为 Null 时，返回规定值。若未指定规定值，当表达式的值为 Null 时，数值型返回 0，字符型返回空串""
Replace(字符串 1, 字符串 2, 字符串 3[, 位置[, 次数]])	从指定位置开始，在字符串 1 中查找所有的字符串 2，并用字符串 3 替换，然后返回替换后的字符串
Right(字符串, 字符数)	从字符串的右边开始截取指定字符个数的子字符串
Rnd(数值)	返回一个大于 0 且小于 1 的 Single 型数
Round(数值[, 小数位数])	按照指定的小数位数进行四舍五入的运算
RTrim(字符串)	删除字符串右边的空格
Second(日期)	取得日期数据中的秒数
Sgn(数值)	返回一个代表数值正负号的整数（数值大于 0，返回 1；等于 0，返回 0；小于 0，返回 -1）
Sin(数值)	返回指定数值的正弦值
Space(数值)	返回由指定个数的空格组成的字符串
Sqr(数值)	求正数的算术平方根
Str(数值)	将数值型数据转换成字符串
StrComp(字符串 1, 字符串 2)	比较两个字符串是否相同
String(字符数, 字符)	返回由指定字符组成的字符串
StrReverse(字符串)	返回一个字符顺序相反的字符串
Sum(表达式)	求数值表达式的和
Switch(表达式 1, 值 1, 表达式 2, 值 2…, 表达式 n, 值 n)	从左至右计算各表达式的值，返回第一个结果为 True 的表达式所对应的值
Tan(数值)	返回指定数值的正切值
Time( )	取得系统当前的时间
TimeValue(日期)	取得日期数据中的时间
Trim(字符串)	删除字符串左右两边的空格
TypeName(表达式)	测试表达式的数据类型
UCase(字符串)	将字符串中的小写字母转换成大写，大写或非字母字符保持不变
Val(字符串)	将字符串转换为 Double 型的数值
VarType(变量)	返回一个整型数，指出变量的类型
WeekDay(日期)	取得日期数据中的星期值，1～7 代表星期日～星期六
WeekDayName(数值)	取得星期值 1～7 的名称
Year(日期)	取得日期中的年份

附录 **II** 本书中所使用的表及数据

班级信息

班级编号	班级名称	学院编码
120101	国际贸易 1 班	01
120102	国际贸易 2 班	01
120201	经济学 1 班	02
120301	工商 1 班	03
120302	市营 1 班	03

教师信息

教师编号	姓名	性别	参加工作时间	政治面貌	学历	职称	学院编码	毕业院校	婚否
T001	王贵	男	1994/7/1	中共党员	硕士	副教授	01	南京大学	TRUE
T002	肖勇	男	2001/8/3	中共党员	硕士	讲师	01	清华大学	FALSE
T003	李雪莲	女	1991/9/3	中共党员	本科	副教授	02	中南财大	TRUE
T004	赵庆庆	男	1999/11/2	中共党员	本科	讲师	02	北京理工大学	TRUE
T005	李莉	女	1989/9/1	中共党员	博士	教授	02	中南财大	TRUE
T006	林凡	男	2001/3/1	群众	本科	讲师	03	河南大学	FALSE
T007	张建一	男	2002/7/1	群众	硕士	讲师	03	武汉大学	FALSE

课程信息

课程号	课程名	学分	先修课
1001	VB 程序设计	3	计算机基础
1002	大学英语	2	
1003	C 程序设计	3	计算机基础
1004	政治经济学	1	
1005	高等数学	2	
1006	线性代数	2	高等数学
1007	数据库系统	2	计算机基础
1008	西方经济学	2	政治经济学

学院信息

学院编号	学院名称
01	国际贸易
02	经济学院
03	工商管理

用户

用户账号	密码
admin	123456
user1	123
user2	456

学生信息

学号	姓名	性别	出生日期	籍贯	政治面貌	班级编号	入学分数	简历	照片
2012010101	李雷	男	1994/10/12	吉林	党员	120101	560		
2012010102	刘刚	男	1993/6/7	辽宁	团员	120101	576		
2012010103	王小美	女	1995/5/21	河北	党员	120101	550		
2012010201	张悦	男	1993/12/22	湖北	团员	120102	601		
2012010202	王永林	女	1995/1/2	湖南	党员	120102	580		
2012020101	张可可	女	1994/9/3	湖南	团员	120201	595		
2012020201	林立	男	1992/3/5	河南	党员	120201	610		
2012020202	王岩	男	1993/10/3	河南	团员	120201	597		
2012030101	张明	女	1992/5/30	广东	无党派	120301	600		
2012030102	李佳宇	女	1994/11/12	江苏	无党派	120302	569		

学生成绩

学号	课程号	学期	成绩
2012010101	1001	2	50
2012010102	1001	2	90
2012010101	1002	1	58
2012010102	1002	1	80
2012010103	1001	2	65
2012010103	1002	1	55
2012010101	1004	1	90
2012010103	1004	1	70
2012010202	1002	1	80
2012010201	1003	3	90
2012020201	1001	2	67
2012020201	1003	3	58
2012020201	1004	1	62
2012020202	1001	2	60
2012020202	1004	1	55
2012030101	1002	1	80
2012030102	1002	1	67
2012030102	1003	3	56

续表

学号	课程号	学期	成绩
2012010101	1003	3	44
2012010202	1004	1	80
2012020101	1002	1	78
2012010102	1003	3	90
2012010103	1003	3	67
2012010201	1004	1	67
2012020101	1006	2	80
2012010101	1005	1	76
2012010102	1004	1	67
2012010102	1005	1	80
2012020201	1005	1	70
2012020202	1006	2	74
2012020201	1002	1	78
2012010201	1002	1	80
2012010201	1008	2	70
2012010201	1005	1	68
2012020101	1005	1	64
2012030101	1005	1	88
2012030102	1005	1	82
2012030102	1006	2	90

习 题 一

一、填空题

1. 层次模型　网状模型　关系模型
2. 候选键
3. DBMS
4. 一对一　一对多　多对多
5. 域
6. 属性　元组

二、选择题

1. B　2. C　3. A　4. D　5. C　6. A　7. A　8. C　9. D　10. B

习 题 二

一、填空题

1. .accdb
2. False
3. Not　And　OR
4. 7
5. −3、3
6. −4、3
7. 等级
8. 123
9. 29
10. 函数、算术运算、关系运算、逻辑运算

二、选择题

1. B　2. D　3. C　4. B　5. A　6. A

习 题 三

一、填空题

1. 结构　记录

2. 空格

3. 字段大小

4. 必需

5. 嵌入

6. 主键 唯一索引

7. 超链接

8. 操作依据

9. 约束条件

10. 掩码

11. 设计

12. 数据表

13. 主键

14. 汇总

15. 表 自动

二、选择题

1. C 2. D 3. A 4. A 5. D 6. A 7. D 8. B 9. A

10. D 11. A 12. A 13. B 14. A 15. C

习 题 四

一、填空题

1. 生成表查询 追加查询 更新查询 删除查询

2. 与 或

3. 参数

4. Distinct

5. Group By Order BY

6. Select 学号，姓名，性别，Year(Date())-Year([出生日期]) as 年龄

From 学生信息

Where 性别="男" And Year(Date())-Year([出生日期])>19

7. Select 学号，姓名 From 学生信息

where 学号 in(Select 学号 From 学生成绩 Where 成绩>=90 Group By 学号 Having

Count(*)>=2)

8. 交叉表查询

9. Select 教师编号，姓名,Year(Date())-Year([参加工作时间]) AS 教龄，婚否 From 教师信息

10. Create Table sy

二、选择题

1. A 2. D 3. C 4. A 5. A 6. D 7. D 8. C 9. A

10. A 11. A 12. B 13. B 14. D 15. A 16. D 17. B 18. D

19. D 20. A

习 题 五

一、填空题

1. 节
2. 设计
3. 计算控件
4. 字段
5. 格式
6. 数据表
7. 名称
8. =
9. 更新后
10. 一对多

二、选择题

1. A   2. C   3. D   4. A   5. B   6. C   7. B   8. B   9. D

10. C   11. A   12. A   13. C   14. B   15. B

习 题 六

一、填空题

1. =Min([入学分数])
2. 计算控件
3. 升序和降序
4. 组页眉　组页脚
5. 主体　分组
6. 报表页眉、页面页眉、组页眉、主体、组页脚、页面页脚、报表页脚
7. 组页眉、组页脚，聚合函数
8. 记录源
9. =[page]&"/ "&"总共"&[pages]& "页"
10. 每页的下面
11. 报表页眉
12. 关系

二、选择题

1. D   2. B   3. D   4. D   5. D   6. B   7. C   8. D   9. A

10. C   11. C   12. B   13. A   14. D   15. D

习 题 七

一、填空题

1. 命令
2. 退出 Access　关闭窗体
3. Autoexec　Shift

4. OpenQuery   OpenForm
5. 先后
6. 宏组名.宏名
7. 条件表达式的值
8. StopMacro

二、选择题

1. B   2. C   3. B   4. D   5. A   6. A   7. B   8. C   9. A
10. B   11. A   12. A   13. C

习 题 八

一、填空题

1. 假
2. 循环次数
3. Function
4. 错误
5. '(半角符号)
6. 逻辑错误
7. 模块变量
8. 静态变量
9. 地址传递
10. AddNew
11. 0   True
12. rst.EOF

二、选择题

1. D   2. D   3. D   4. B   5. C   6. C   7. B   8. C   9. C
10. B   11. D   12. A   13. C   14. D   15. D   16. A

习 题 九

一、填空题

1. 为打开的数据库设置密码
2. 独占打开方式
3. 定期对 Access 文件进行备份   定期压缩和修复 Access 文件   尽量避免非正常退出 Access
4. 在 Access 中备份   在 Windows 系统中备份
5. 同时
6. 读取效率   数据库的性能

二、选择题

1. A   2. B   3. D   4. C   5. A

参 考 文 献

1. 陈洁. Access 数据库与程序设计. 北京：清华大学出版社，2012.
2. 王丽. Access 数据库系统与应用. 北京：清华大学出版社，2014.
3. 费岚. Acces 数据库教程. 中国水利出版社，2012.
4. 徐秀花. Access 2010 数据库应用技术教程. 北京：清华大学出版社，2013.
5. 熊建强，等. Access 2010 数据库程序设计教程. 北京：机械工业出版社，2013.
6. 刘丽. Access 2010 数据库程序基础教程. 北京：清华大学出版社，2013.
7. 张斐斐. Access 2010 数据库技术与程序设计. 天津：南开大学出版社，2013.
8. 徐日. Access 2010 数据库程序应用与实践. 北京：清华大学出版社，2013.